本书为山东省社科规划项目（21CGLJ06）、临沂大学"沂蒙精神
山东省教育科学"十三五"规划课题（2020ZC280）阶段性成果

知识共享的多层次
与动态演化研究：
目标取向视角

杨相玉

著

九州出版社

JIUZHOUPRESS

图书在版编目（CIP）数据

知识共享的多层次与动态演化研究：目标取向视角 / 杨相玉著. -- 北京：九州出版社，2021.5
ISBN 978-7-5225-0135-2

Ⅰ．①知… Ⅱ．①杨… Ⅲ．①知识管理－研究 Ⅳ.①G302

中国版本图书馆CIP数据核字(2021)第110067号

知识共享的多层次与动态演化研究：目标取向视角

作　者	杨相玉　著
责任编辑	石增银
出版发行	九州出版社
地　址	北京市西城区阜外大街甲 35 号（100037）
发行电话	(010)68992190/3/5/6
网　址	www.jiuzhoupress.com
电子信箱	jiuzhou@jiuzhoupress.com
印　刷	北京旺都印务有限公司
开　本	710 毫米 ×1000 毫米　16 开
印　张	15
字　数	200 千字
版　次	2021 年 6 月第 1 版
印　次	2021 年 6 月第 1 次印刷
书　号	ISBN 978-7-5225-0135-2
定　价	78.00 元

前　言

随着互联网技术和数字经济的飞速发展，知识获取与共享已成为组织保持竞争优势的重要手段，成为社会发展的不竭动力。近年来，实践界和理论界越来越关注如何增强组织中的知识共享。在实践界，巴克曼实验室、陶氏化学公司、安永国际会计公司、惠普公司、孟山都公司、施乐公司等快速发展得益于其无障碍的知识共享渠道，这无不彰显知识共享已成为企业提升绩效的重要影响因素。众多研究者聚焦于知识共享的前因后果及其影响过程研究，并获得不少有益的结论。同时，我国正处于由"数量型发展"向"高质量发展"转型的过渡时期，企业应该思考知识共享提升问题，采取必要措施以积极匹配国家的战略转型。因此，围绕知识共享的研究有其现实价值和理论价值。

现有文献中关于知识共享的研究大多聚焦于某一层面（个体或团队层面），忽略了从多个层面和动态演化的角度对知识共享的发生以及动态演化机制进行研究。由此，本书将以计划行为理论以及多层次理论为基础，从跨层次和ASD动态演化的角度，对目标取向与知识共享的多层次影响及动态演化关系进行了系统的分析，主要聚焦两个理论问题：一是目标取向与知识共享的跨层次的影响关系如何？影响过程是什么？二是目标取向与知识共享的动态演化机制如何作用？围绕这两个问题，本书进行了两项实证研究，而这两项实证研究之间具有一定的递进性，构成一个整体。

研究一是目标取向与知识共享的多层次影响模型的构建和验证，为后续研究提供了基础性框架。研究以多层次理论以及计划行为理论为理论基础，以120个研发团队为样本，采用问卷调查方法收集数据，通过多层线性回归技术分析了目标取向、知识共享之间的多层次影响关系。主要研究结论包括：

（1）知识共享与目标取向在个体和团队层次的关系相同

在个体层次上，个体证明取向、学习取向分别与个体知识共享之间存在显著的正相关关系，而个体回避取向与个体知识共享之间存在显著的负相关关系；而在团队层次上，可以发现团队证明取向、学习取向与团队知识共享之间存在显著的正相关关系，而团队回避取向与团队知识共享之间存在显著的负相关关系。

（2）团队心理安全在个体和团队层次的影响关系上表现出不同的行为效应

组织行为学领域的多层次理论研究结果认为，个体行为不仅受到个体特征的影响，还会受到个体所处团队甚至组织层次的情境因素影响。所以，在个体层次上，团队心理安全作为重要的工作情境因素，在个体目标取向与个体知识共享之间的关系上起到跨层次的调节作用。而在团队层次上，团队心理安全作为重要的过程变量，在团队目标取向与团队知识共享之间的关系上起到中介作用。

（3）个体知识共享平均水平通过团队信任（中介变量）对团队知识共享产生影响

已有研究认为知识共享作为知识运行的主要过程，在不同的层次上表现不同。各个层次的知识共享行为都需要个体的参与。由此可见，团队知识共享受到个体知识共享的影响。研究发现，个体间知识共享平均水平与团队知识共享存在显著的正相关关系，且个体知识共享平均水平通过团队信任（中介变量）对团队知识共享产生正向影响。

研究二基于 ASD 动态演化角度，运用案例研究，探索目标取向与知识共享之间的动态演化关系。该部分以研究一为基础，遵循典型性原则，选取中国一汽集团生产制造技术部门的三个团队作为案例研究对象，对目标取向与知识共享之间的动态演化逻辑关系进行分析。结果表明：（1）团队学习取向、证明取向的选择受初始团队知识共享水平的正向驱动，且对团队知识共享提升提供了基础和提升，有利于团队知识共享向更高水平的适应，而团队知识共享的提升会对随后阶段的学习与证明取向产生"效果强化"，进而提高团队层次的学习与证明取向；（2）团队回避取向的选择受初始知识共享水平的负向驱动；低团队回避取向对团队知识共享提升提供了基础和提升，有利于团队知识共享向更高水平的适应，而团队知识共享的提升会对随后阶段的团队回避取向产生"效果反转"，会进一步降低团队回避取向。

总之，本书运用跨层次研究方法，从静态、动态两个角度出发，深入探讨了目标取向对知识共享的多层次影响，并构建和验证了知识共享动态研究的分析框架。所获得的研究结果不仅丰富和拓展了相关理论，而且对管理实践也有一定的启示作用。最后，本书检视了上述研究过程的不足，并进行了展望。

目　录

第1章 引言

本章首先介绍了研究背景（现实背景、理论背景），结合企业知识治理实践面临的问题和管理理论研究的进展提出了本书要研究的主要问题，其次介绍了研究目的与意义，接着指出了本书的研究内容，列举了创新之处，最后对所用的研究方法、研究的技术路线以及文章的结构安排做了较为详细的说明。

1.1 研究背景

德鲁克（1988）就曾预言"未来的企业和社会是知识型组织"，知识创造是克敌制胜的关键环节。经合组织（1996）也宣称："知识能够促进生产力的不断发展，推动经济持久、稳定的增长，地球已经进入知识经济时代。"

随着知识经济快速发展，内生经济增长理论逐渐取代新古典增长理论，其理论内核即为视知识增长与技术进步为财富增长的引擎。知识业已成为经济增长、社会发展和企业壮大的战略性资源，因而越来越多的组织努力通过管理知识来打造自身的核心竞争力。无论处于知识密集型行业，还是处于资本密集型行业，知识的共享、创造和应用都是企业持续增长的关键，也是企业保持竞争优势的源头。知识、知识工作者以及知识资本的地位伴随着知识经济日益突出，知识性资源的创造、共享和应用能力已经成为培育企业、地区乃至国家竞争优势的关键所在。

1.1.1 现实背景

知识治理的发展

1998 年，中国引入了"知识治理"的概念，企业和政府部门开始逐渐意识到知识治理的重要性。在企业创新需求和知识需求的拉动下，在各知名企业的组织和推动下，越来越多的企业开始关注知识治理，并相应的投入大量的人力、物力、财力大力开展并实施知识治理。在此期间，许多大型企业，如联想、清华紫光、TCL 等都相继准备或已实施知识治理，在此基础上，建立了知识库，知识分享的企业文化、注重企业知识资本的运用等，企业界将 2004 年称为中国的知识治理年。经过十几年的发展，我国的知识治理经历了迷茫期到发展期，主要表现在：

知识治理迷茫期

（1）知识治理投入不足

进入 21 世纪，发达国家和地区的跨国公司以及部分中小企业开始在政府的资助和支持下进行知识治理。据相关统计，欧美企业在 1999 年时只有 45% 的成员进行了知识治理，到 2002 年时，85% 的企业都进行了知识治理；2005 年时全部企业都进行了知识治理 (Babcock, 2007)。而他们用于知识治理的研发投入也从 2004 年的 22 亿美元快速上升到 2010 年的 56 亿美元 [1]。相比之下，中国企业用于知识治理的资金投入仅占企业研发投入的 0.5%，知识治理的资金投入严重不足。

（2）缺少明确定位

由于对"知识治理"的内涵清晰界定，对知识治理的推动行为缺乏明确方式，当前中国企业所实行的知识治理模式都是自成一家、各自为政。虽然各个企业的知识治理应用和其所处行业特点有关，表现出多样性，如"行政性办公文档"和"知识文件管理"的比例最高，这足以说明知识治理的实践带有浓厚的办公自动化色彩，而忽略了"人"在知识治理中的角色和作用。

（3）缺少知识创造能力

在社会信息化背景下，没有知识创造能力就不可能形成核心竞争力。在劳动密集、劳动廉价和大规模生产前提下，中国企业大多缺少创新能力，不少企业对待创新的态度就是模仿。尽管已有一批高科技行业通过技术合作或者仿制，能掌握较为先进的生产技术，但技术革新能力还不能与跨国公司竞争。呈现出大型企业知识创造能力普遍不足，小型企业研发缺位，行业整体技术革新能力不能适应高质量发展要求的特点。

（4）知识权利保障缺位导致企业知识创新风险

已有研究和部分发达国家的实践显示，有效的知识权利保障或知识产权保护是促进知识创新的持续有效的制度安排，并能使知识型企业的规模、效益、品牌越来越占据重要地位。

我国的《专利法》于 1985 年开始实施，此后几经修订，国家层面的政治局会议和国务院会议也多次强调保护知识产权。但在这一时期经济社会实践中各相关主体知识产权保护法制意识仍然淡漠，知识权益受损维权非常困难，这导致企业不敢在技术创新上不敢过多投入，知识产权保护任重道远，法律法规层面、行政执法层面、微观主体法律意识方面急需要加强。

知识治理发展期

（1）组织合作渠道的知识共享成为企业创新主要途径

信息化时代，知识技术创新的节奏加快的同时，难度也加大，往往需要不同学科共同应对才能实现，因而企业普遍采取合作的方式推进知识创新。例如，德国奔驰、宝马和大众汽车公司联合开发尾气排放技术，以应对欧洲排放监管标准的提升。国内商业地产行业龙头万达与互联网行业龙头百度、腾讯公司的合作则是跨界合作，双方通过优势互补实现线上线下的有效融合。在全球研制新冠肺炎疫苗方面，复星医药与辉瑞公司合作，利用辉瑞公司的 mRNA 技术平台研制疫苗，而国内疫苗产品则是灭活疫苗，这样复星就可以在两种技术平台上进行产品创新，有效实现了技术互补。事实上，近年来，大型公司对小型研发公司的并购增多也是合作创新的一种表现。

（2）企业知识制度保障得到提升

海尔、华为、恒瑞等企业纷纷制定企业的知识治理战略，构建知识创新激励机制，塑造利于知识共享的企业文化氛围；在此基础上，设置相应的知识主管专门负责企业的知识治理工作，提升企业知识创新能力；与企业的部门业务流程相结合，调整企业的知识结构；建立企业知识治理系统，管理知识创造、共享、整合和内化；对知识治理绩效制定评价方法和原则，以期后续的改进。

综上所述，企业主体在知识创新方面的所有行动都在昭示着两个问题，那就是："企业到底应如何对知识这种战略性资源给予高效的管理？""如何在知识创新的同时做到知识的共享？"

1.1.2 理论背景

随着国家、企业、团队及个体越来越重视知识共享的提升，理论界关于知识共享的相关研究多从社会学、管理学或心理学等方面出发，试图探寻知识共享的影响因素及其形成过程。截至 2018 年 11 月 9 日，以"知识治理""知识共享""知识转化""知识资本""知识转移"为关键词在国内外期刊获得的论文数量及类型分布如表 1 所示。

表 1 知识治理相关研究成果统计（单位：篇）

	知识治理	知识资本	知识转化	知识转移	知识共享
一般性文章	18813	1415	818	1916	2812
核心文章	6353	592	246	641	875
CSCCI 文章	2745	336	140	468	544

目前关于知识共享的研究主要集中在三个方面展开：（1）知识共享的内涵。在学术界比较认同的观点是：知识共享涉及向他人（组织）提供任务信息，知道如何帮助他人，并与其合作共同提出新想法、解决问题与执行政策或者程序的过程[2]（Cummings, 2004）。（2）知识共享的测量：实验研究[3](Bakker et al., 2006)、实地研究[4][5](Lin, 2007; Tohidinia

& Mosakhani, 2010)。（3）知识共享的影响因素。知识共享行为不仅取决于个体特征、认知等个体要素，也会受到外部环境的影响。个体层次的影响因素主要涉及个体的特征和能力、内在动机，如个体特征[6](Fathi et al. 2011)、认知[7](Wu & Zhu，2012)、自我效能[8](Zhang & Ng, 2012)、工作满意度[9](Teh & Sun, 2012)等；团队层次的影响因素则包括易于激发知识共享的团队氛围、团队过程和团队特征，如团队特征[3](Bakker et al., 2006)、多样性[10](Wang & Noe，2006)等；组织层次的影响因素包括易于激发知识共享的组织情境，如组织文化[11](Kankanhalli, Tan & Wei, 2005)、知识治理[12]（张生太等，2015）等。

学者Szulanski（1996）指出，企业不仅可以从经济学角度定义其存在的意义，也可以从知识治理的角度定义，那就是企业是知识集合体，而通过外部市场因素进行知识获取会面临时间、效率、高昂成本等困难，这时候内部研发创造就显得尤为关键[13]。学者Spender（1996）认为，企业的竞争能力不仅来自企业已有的知识，还与企业管理知识的能力有关。企业中的个体储存并创造知识，但在知识运用方面则有赖于企业的整合能力，如何建立一种知识储存、共享和创造机制，是企业打造核心竞争力的重要标志[14]。学者Prusak (1998)等[15]也认为：企业知识治理的最重要职能之一是保证知识的流动和共享。知识快速有效的流动共享是实现个人知识组织化，组织知识能力化的必备基础[11](Kankanhalli, Tan & Wei, 2005)。

由以上文献和企业实践分析可知，学术界和实业界正在就知识的管理取得共识，建立一种机制，促进知识在个人间的共享，转化为组织知识，并促进知识在组织间的共享，最终实现知识创造，提升企业的竞争力。

因此，本书的研究主题无论在理论要求上还是在实业呼唤上，都有一定价值。

1.2　研究问题

通过现实背景和理论背景的分析，本书以企业研发团队及其成员间的知识共享为研究对象，探寻基于动机理论的目标取向对知识共享的多层次影响及其两者间的动态演化关系研究，从而为企业管理者干预和管理知识共享提供合理化的建议。因此，本书在进行文献梳理及研究设计时将引入以下问题。

（1）目标取向对知识共享影响关系的研究进展如何？欲研究目标取向与知识共享的多层次动态影响关系，首先要梳理国内外对知识共享研究史以及研究动态，包括目标取向与知识共享的关系研究。通过对文献的梳理及归纳，从而发现具有深入研究价值的问题。

（2）目标取向驱动知识共享形成的重要转化机制及其在个体和团队层次上两者关系上所产生的不同行为效应。本书以个体和团队层次出发，通过文献梳理，构建目标取向对知识共享的多层次影响模型，将心理安全这一团队过程变量和个体层次的团队情境变量引入模型，拟探讨不同层次目标取向与知识共享的影响关系，及其心理安全在团队层次和个体层次的关系间所产生的不同行为效应；同时，本书还将探寻个体知识共享向团队知识共享转化的过程机制，以系统分析目标取向对知识共享的多层次影响。

（3）个体间的知识共享是个体将其自身知识传播给其他人的行为，意味着组织内的有用的知识在个体间相互分享[16](Ipe, 2003)，且各层次的知识共享行为都需要个体的参与[17](Yang & Wan, 2004)。组织或团队若想实现预期合作和知识共享，需要个体的参与；因为个体知道知识如何产生、共享及运用。由此可见，个体知识共享与团队知识共享之间存在转化关系，即个体知识共享可以通过某种氛围或者渠道向团队知识共享转化。因此，本书的另一研究目标是探讨个体知识共享向团队知识共享转化的过程机制，以系统分析目标取向对知识共享的多层次影响。

（4）目标取向与知识共享之间的动态演化关系如何？团队知识共享是一个由低级阶段向高级阶段的动态演化过程。因此，本书在研究团队目标取向与知识共享的关系时，以动态发展的角度探寻其成长路径和作用规律，才具有科学性和合理性。

而以上四个主要问题得以解决的基础在于：明确目标取向与知识共享的变量关系。经过文献分析，归纳目标取向与知识共享变量关系研究态势，进而探讨目标取向对知识共享影响的多层次追踪研究，为本书的聚焦问题和研究设计提供理论指导。

1.3 研究目的和意义

1.3.1 研究目的

数字经济和"互联网 +"时代的快速发展，使得知识共享备受企业的研究学者的关注。在起步阶段，研究者主要关注知识共享的度量标准、测量方法及影响因素，并取得了丰富的研究成果。近年来，基于成就动机理论的目标取向备受关注，反映了团队主管及成员对团队整体学习、获得良好评价或避免负面评价和失败、超越其他团队的共同理解会影响团队知识共享。基于以上现实、理论背景和问题的描述，本书拟以研发团队及其成员为研究对象，以多层次和动态为研究角度，通过文献总结和归纳，构建和验证了目标取向对知识共享的多层次影响及动态演化研究模型。为了深入探讨目标取向如何影响个体及团队知识共享，并阐释其关系的动态演化过程，本书展开了一系列的研究，具体研究目的可以概括为：

（1）建构并验证了目标取向与知识共享的多层次影响模型

目标影响个体对情境的解释及对与成就相关信息的反映，还影响个体行为 [18,19](Dweck, 1986; Dweck & Legett, 1988)；因为目标取向对学习过程产生积极影响 [20,21] (Harris et al., 2005; Vermetten et al., 2001)。因此，目标取向可能对知识共享产生影响。然而，在中国情境下的已有研究中，多数研究聚焦于某一层次（个体或团队），且目标取向（包含绩效证明取向、绩效回避取向两个维度）与知识共享的关系尚不明确。基于此，在借鉴国外研究框架的基础上，通过理论推导构建了目标取向对知识共享的多层次影响模型，这为后续研究提供条件。

（2）分别在个体和团队层次探究目标取向影响知识共享的中介和调节机制

目前，在目标取向影响知识共享过程的相关研究中，绝大多数学者关注自我调节行为、社会学习、信息交换等变量的中介作用，缺乏对其他因素的探讨。但是，组织行为学领域的多层次理论认为，个体行为不仅仅受到个体特征的影响，还会受到个体所处团队乃至组织层次的情境因素的作用。本书拟开展跨层次研究，建构并验证目标取向对知识共享的多层次影响模型，以探讨目标取向影响知识共享的中介机制和调节机制。其一，在团队层面，基于心理安全的研究角度，验证了心理安全变量在团队目标取向与团队知识共享关系间的中介作用；其二，在个体层面，验证了心理安全变量作为团队情境因素，一方面会对个体间知识共享行为产生直接影响，另一方面会在个体目标取向与个体知识共享关系间起到调节作用。预期的研究结论将有助于我们从多个角度解释目标取向与知识共享关系作用中的"机制黑箱"。

（3）探究个体知识共享与团队层次知识共享间的关系

学者 Alavi 和 Leidner（2001）认为，知识在组织内个体之间、团队层次以及更高层次之间流动传播，形成知识的共享[22]。学者 Nonaka & Takeuchi (1995) 构建了基于隐性知识和显性知识互化的螺旋模型来解释知识共享，个体的隐性知识转化为组织的显性知识过程，即共同化、外化、结合、内化，是一个螺旋上升的过程，并且循环往复，有效实现了知识在个人之间、组织之间、个人与组织之间的共享[23]。由此可知，个体知识共享与团队知识共享之间存在一定的转化关系。本书拟采用实证研究方法探讨如下关系：①个体知识共享的平均水平与团队知识共享的关系；②个体知识共享的平均水平向团队知识共享转化的过程机制。预期的研究结论将进一步厘清个体知识共享与团队知识共享的关系提供实证依据。

（4）探讨目标取向与知识共享的动态演化结构

既往文献显示，目标取向与知识共享两个变量之间存在着静态的影响关系，然而仅从静态分析角度无法验证目标取向与知识共享之间的因果关系，其研究结论的稳定性也会受到质疑。本书在借鉴 ASD 动态演化框架的基础上，通过解释性案例研究，探讨了目标取向与知识共享的动态演化关系，以期为与知识共享有关的追踪研究课题提供可借鉴的动态研究思路。

1.3.2 研究意义

本书拟以研发团队及其成员为研究对象，通过对文献的梳理，构建并验证了目标取向与知识共享之间的多层次影响模型；其次，采用实证研究方法和解释性案例研究，验证了团队目标取向与团队知识共享之间的动态演化关系。最后，根据研究结果，归纳总结出有利于丰富和拓展知识共享研究理论的深度和范围，形成理论贡献和实践价值。

1.3.2.1 理论意义

在文献梳理的基础上，本书采用多层次分析方法和动态演化研究设计，揭示了目标取向与知识共享的多层次影响及动态演化关系，这一定程度上拓展和丰富了目标取向与知识共享的关系研究，也为企业管理者管理和干预知识共享提供了可借鉴的理论依据和指导。

具体而言，本书的理论意义主要包括以下四个方面：

（1）本书有利于揭示不同的目标取向对知识共享形成的影响。一方面，已有研究认为学习目标取向与知识共享的存在正相关关系[24](Swift et al., 2010)；然而，也有研究认为学习目标取向与知识共享之间的关系并不显著[25](Lee, Kim & Kim, 2006)；另一方面，有研究认为绩效取向与知识共享之间存在负相关关系[26](Yeh, Lai & Ho, 2006)，但没有将绩效取向划分为绩效证明取向与绩效回避取向两个维度分别探讨其对知识共享的影响。因此，本书基于已有研究结论，通过假设推演，采用实证研究的方法，探讨中国情境下不同目标取向与知识共享的关系。预期研究结论有利于进一步揭示不同目标取向与知识共享之间的关系。

（2）本书有利于阐明心理安全在团队和个体层次上的不同行为效应。主要体现在两个方面：一方面，目标取向理论被愈来愈多地用于解释个人心理气氛和工作团队气氛的构建，而团队气氛则有利于团队成员之间共同理解：团队心理安全；且团队心理安全有利于提升团队知识共享，这有利于将团队心理安全变量作为中介变量引入到团队目标取向与团队知识共享的关系中，为探究知识共享影响因素的"黑箱"提供了新的研究角度。另一方面，特征激活理论[27](chen & kanfer, 2006) 及情境力量理论[28](Mayer, Dalal & Hermida, 2010) 认为个体行为/行为绩效/行为意图的形成是个体与情境共同作用的结果，且情境因素还会对个体行为产生直接的影响；因此，本书拟采用实证研究方法检验团队心理安全作为重要的情境因素对个体知识共享产生重要的影响，且跨层次调节个体目标取向对个体知识共享的影响程度。预计本书结论能在一定程度上揭示个体目标取向对个体知识共享的影响调节机制，为探究知识共享影响因素的"边界"提供了新的研究角度。

（3）本书有利于揭示个体知识共享向团队知识共享转化的关键过程因素。本书采用实证研究方法试图探讨个体知识共享与团队知识共享之间的关系，主要研究框架包括：个体层次知识共享的平均水平与团队层次知识共享水平之间是否存在因果变量关系；个体知识共享是否通过团队互惠主义规范向团队知识共享转化。预期的研究结论将为厘清个体知识共享与团队知识共享之间的关系提供理论依据。

（4）本书有利于揭示目标取向与知识共享的动态演化关系。已有关于知识共享的研究多数都秉承静态角度，本书遵循 ASD 动态分析框架，构建了目标取向与知识共享的动态演化关系模型，并通过探索性案例研究对其模型进行了验证。预期研究结论不仅能够解释知识共享的时间效应，也为将来知识共享研究中的追踪设计提供了一个可借鉴的动态分析框架。

1.3.2.2 实践意义

目前，围绕目标取向与知识共享之间关系的研究较为缺乏，这会导致管理者和员工在实践过程中缺乏理论知道，面临一些现实问题。首先，由于目标取向（学习目标取向、绩效证明取向与绩效回避取向）与知识共享的关系并不明确，管理者和员工很难判断目标取向哪些因素会促进或阻碍知识共享的提升，以及应该培养哪种目标取向？同时，管理者应采取哪些中间环节或情境可以提升知识共享？其次，由于组织行为以动态过程运作为主，静态研究目标取向对知识共享之间的作用关系容易陷入"形而上学"式的矛盾，因而应探讨两者之间的动态关系才能更好地应用于实践。

本书在文献分析的基础上，采用多层次和动态研究角度，探讨了目标取向对知识共享的多层次影响及动态演化关系，其预期研究结论也有一定的实践意义，主要包括：

（1）探讨不同目标取向与知识共享之间的关系研究，有助于管理者和员工明晰和了解不同目标取向所产生的知识共享效应，进而更有针对性地加以管理利用，从而发挥目标取向对个体和团队知识共享的积极影响，抑制其消极影响，并最终激发员工及团队各层次的知识共享效应。

（2）对目标取向影响知识共享过程中的中介和调节机制的探讨，有助于揭示多层次因素影响知识共享的作用过程，有利于管理者一方面了解通过哪些中间环节因素可以提升知识共享，另一方面明晰个体目标取向影响个体知识共享的边界条件。因此，对于团队管理者而言，可以采取相应的措施增加团队内的中介环节因素，进而提升团队知识共享水平；同时，深化对个体目标取向向个体知识共享转化的边界条件的理解，增强目标取向在作用条件的交互下对知识共享水平提升的正向作用。

（3）对个体知识共享与团队知识共享之间关系的探讨，不仅为厘清两者之间的关系提供了实证依据，而且有助于启发管理层采取积极措施推动个体层面的知识共享向团队层面的知识共享转化。同时，本书发现团队心理安全在个体知识共享向团队知识共享转化的过程当中发挥了重要的作用，因此，团队管理者应该采取积极措施营造团队心理安全，例如：在团队中树立知识共享标兵、增加对知识共享的宣传等。

（4）探讨目标取向与知识共享之间的动态演化关系，不局限于传统的静态研究范式，有助于管理者更准确地掌握两者之间的动态演化结构，从而能够根据知识共享的不同形式、不同阶段采取有针对性的干预措施以最大限度提升组织内知识共享程度。

1.4 本书的研究思路和研究方法

1.4.1 本书的研究思路

根据研究主题和文献分析，确定本书的研究思路如下：

首先，明确研究问题。一个研究问题可以有各种来源，无论是通过社科基金会的指南还是自己对现有学术领域的认识。当然也可能是来自企业管理实践的困惑，也可以来自作者的个人兴趣。本书研究主题来自个人兴趣与社科基金指南的结合，又有企业管理实践的问题呈现。同时，我们又结合计划行为理论（The Theory of Planned Behavior）[29](Ajzen, 1991) 与多层次理论（Multilevel Theory）[30](Klein & Dansereau, 1994)，将基于成就动机的目标取向变量引入到知识共享的前因变量影响模型中，接着探讨二者的多层次影响及动态演化关系。另外，科研团队是最具有知识的单元，因此，我们选定企业中的研发团队作为研究对象。

其次，梳理研究史和研究动态。确定研究主题后，需要对国内外相关文献进行梳理，并对研究动态进行分析，从而让本书的研究既可站在前人研究成果的肩膀上，又可实现一定程度的创新。借助各大高校图书馆提供的国内外论文数据库，滚雪球式地积累"知识治理""目标取向""知识共享"等检索词项下的文章。有关高新技术企业的内部做法也尽可能通过合作关系进行调阅，使文献的来源尽量多渠道化、全面化。

第三，制定本书的研究框架并选取适合的研究方法。在文献阅读和梳理的基础上，提出了具体的研究目标，并确定研究框架。本书最终确定以两个主题研究为基础的框架：（1）目标取向与知识共享之间的多层次影响关系；（2）团队目标取向与团队知识共享的动态演化关系。

在确定两个研究主题之后，需要选择不同的研究方法。对于第一个研究主题，可以在文献分析的基础上构建研究假设，并通过问卷调查的方式验证目标取向与知识共享的多层次影响关系；针对第二个研究主题，本书通过基于解释性案例研究进行论证，以便更好地揭示目标取向与知识共享之间的动态演化关系。

最后，得出本书的结论与管理启示。在回顾研究经过的基础上，客观中肯地总结本书的理论贡献，并结合企业管理困惑形成管理启示，由于本书受经费、合作关系等客观限制，不可避免地存在局限，并在展望中论述了今后研究需要注意的地方。

1.4.2 研究方法

为使研究结果准确稳健，应结合应用多种研究方法[31]（李怀祖，2004），本书根据研究主题和研究内容，准备采用的研究方法有：

（1）文献研究。本书需要考察的变量有"目标取向""知识共享""团队心理安全""团队信任"等，通过滚雪球的方式寻找文献并详细研读分类，为本书研究主题的确定及模型的构建打下坚实的基础。

（2）跨层次研究法。本书所考察的变量存在于个体和团队两个层次中，所获数据有嵌套性。处理数据时，如果仅从单一层次水平上出发，要么忽视团体效应，要么忽视个体信息。多层次线性模型可以同时将个体水平和群体水平上的数据放入模型中进行考察分析。因此，本书采用多层次分析方法验证目标取向与知识共享之间的多层次关系。

（3）案例研究。本书遵循 ASD 动态研究范式，通过多案例剖析及追踪设计方法，探讨目标取向与知识共享的动态演化关系。

（4）统计分析。本书采用结构方程模型对提出的假设模型进行验证，相关过程符合管理学研究范式。

1.5　本书的技术路线及章节安排

1.5.1　本书的技术路线

本书的研究进程分为 5 个阶段：第一阶段为研究问题的提出，第二阶段为文献整理与分析，第三阶段为概念构模型的构建，第四阶段为提出假设及数据分析，第五阶段为结论汇总与展望。图 1.1 大体描述了本书的研究路线。

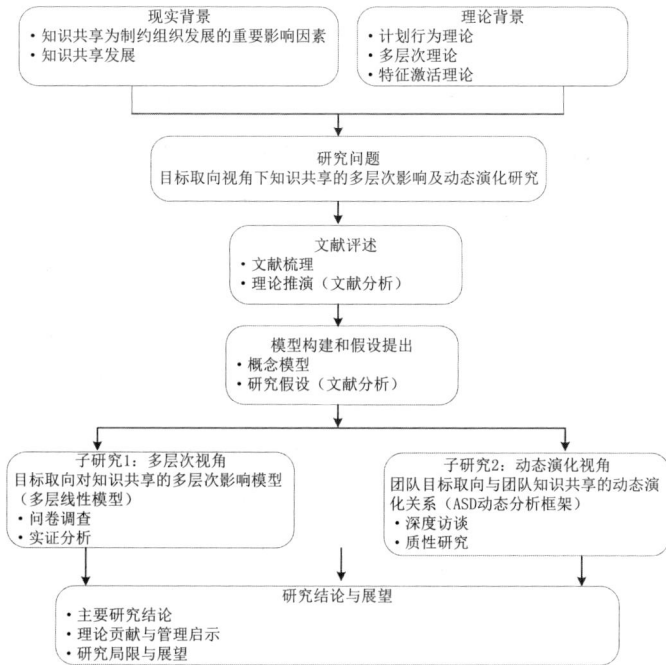

图 1.1　本书的研究路线

1.5.2 本书的章节安排

本书在企业调研、文献分析的基础上提出假设，构建了目标取向对知识共享的多层次影响及动态演化关系模型，通过数据分析得出结论，具体的章节安排如图 1.2 所示。

第 1 章介绍了国内外知识治理的差异及面临的问题，由此提出知识共享研究提升的重要性；并创新性地提出知识共享研究的前因变量及跨层次影响和动态演化关系设想；并由此提出可能的创新点。

第 2 章简单介绍了与知识共享、目标取向等研究变量相关的基础理论，如解释个人特征与行为关系的计划行为理论，解释行为个人行为社会嵌套性的多层次理论以及解释情境因素与个人行为关系的特征激活理论，为下一步假设提出及概念模型的构建打下基础。

第 3 章整合本书的相关基础理论，设计研究的总体框架，提出本书的概念模型。

第 4 章通过文献分析和归纳，构建了目标取向对知识共享的多层次影响模型，并通过大样本数据调查获取数据，然后，对数据进行验证性因子分析、相关性分析及多层线性回归，进而对模型进行验证。

第 5 章基于 ASD 动态分析框架，构建了团队目标取向与团队知识共享的动态演化关系模型。本书通过深度访谈和逻辑分析探究了团队目标取向影响团队知识共享的动态关系演化。

第 6 章对全文内容及研究结论进行总结，指出了研究的局限性并对文中有待进一步深入研究的地方提出了后续研究的方向和展望。

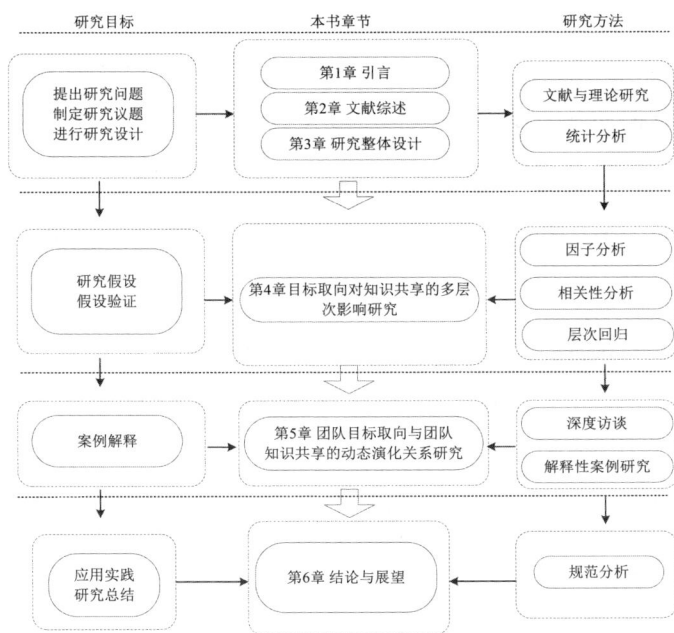

图 1.2　本书的章节安排

1.6 本书可能的创新点

通过深入考察目标取向与知识共享的多层次影响关系及动态演化结构，本书创新之处可能包括：

（1）基于计划行为理论和多层次理论，本书构建了目标取向对知识共享的多层次影响模型，从个体和团队层次上分别探讨了不同目标取向与知识共享的关系。这不仅从多个层次上丰富了目标取向与知识共享的研究，还深化了对知识共享产生机理的认知。

学术界对目标取向影响知识共享的这是关系已有部分成果，但是目标取向与知识共享的关系并不确定，如学习目标取向、绩效目标取向与知识共享之间的关系 [25,26](Lee, Kim & Kim, 2006; Yeh, Lai & Ho, 2006)；且以往学者们忽视了绩效目标取向的维度结构（证明目标取向、回避目标取向），应该从这两个维度这方向，分别探讨其对知识共享的影响 [26,33] (Yeh, Lai & Ho, 2006; 张文勤和孙锐，2014)。同时，已有研究还忽视了从多个层次对目标取向与知识共享的关系整体认知。基于此，本书通过对文献梳理和推演，阐明了多个层次上绩效证明取向、绩效回避取向与知识共享的关系，进一步深化了对目标取向与知识共享关系的认识。

（2）将团队心理安全引入目标取向与知识共享的多层次影响模型中，探讨其在个体和团队层次中产生的不同行为效应，不仅突破了以往仅从团队信任、领导成员交换关系等角度探讨两者关系的局限，为探究团队目标取向影响团队知识共享的"机制黑箱"提供了新的研究角度，并且为探究个体知识共享影响因素的"边界"提供了新的研究角度。

（3）依据知识共享的"过程观"，通过文献分析和推演，本书构建了个体知识共享影响团队知识共享的关系模型，并将团队信任变量引入其中，探讨个体知识共享的平均水平通过团队信任变量自下而上对团队知识共享产生积极影响。这为厘清个体知识共享和团队知识共享之间的关系提供了实证依据，并为探讨两者之间的转化提供了新的角度。

（4）基于 ASD 动态分析框架的探索性案例研究，本书深入探讨了目标取向与知识共享的动态演化结构。以往学者们对知识共享的研究大都使用横截面数据，偏于静态研究，忽视了动态演化结构。本书构建的二者动态演化结构，能为其他研究者提供参考。

1.7　研究小结

本章先介绍了国内外企业知识治理发展现状及国内企业面临的困境，提出了"企业究竟应该怎样管理知识"的问题，引出了对知识共享重要性的思考。通过文献分析，找到影响知识共享的重要变量——目标取向。目标取向在个人与团队两个层次上对知识共享的影响，以及动态演化结构成为本书研究主题。由此引出选用适当的方法，合理划分章节结构，预期的创新点等内容。

第 2 章和第 3 章将具体介绍目标取向与知识共享的相关研究文献和具体的理论基础与研究构思。目标取向与知识共享的多层次影响及动态演化关系主要分为两个部分：①目标取向与知识共享的多层次影响关系研究；②目标取向与知识共享的动态演化关系研究。前者的具体研究内容在第 4 章，后者的具体研究内容在第 5 章，第 6 章进行研究总结。

第 2 章　文献综述

为了扎实全面合理地构建本书研究主题的概念模型，需要对文献进行收集分析，了解前人的研究成果[31]，阐明本书的研究重点。鉴于本书探讨的是目标取向与知识共享的多层次影响及动态演化关系研究，本章的主题内容包括：①从知识与知识治理、知识共享内涵、测量、影响因素、多层次研究及其相应的理论基础等方面对知识共享相关研究进行梳理；②对目标取向相关研究进行文献回顾，从目标取向的内涵、维度结构、研究主线、影响因素及结果变量等多个方面对相关文献进行系统梳理；③目标取向与知识共享的关系研究中所取得研究进展及相应的研究局限和有待解决的问题。

2.1 知识与知识治理

2.1.1 理论渊源：基于知识资源观的企业知识治理

学者 Wemerfelt（1984）认为，从资源学派的角度，企业的竞争优势来自其与众不同的资源，包括知识资源[33]。学者 Barney（1991）认为，知识在企业经营和社会发展中的越来越重要，人们对知识的资源属性越来越重视，相关的理论也不断涌现[34]。如今，知识与知识创造作为一个企业的核心竞争力来源，已得到学术界的一致认可，并获得实业界印证。

经济学家阿罗（1989）以经济学中交易成本的概念解释了企业的存在：企业从外部获取知识的成本越来越高；而通过有效的管理实现内部的知识共享、知识流动从而创造新知识的成本会变低，这种知识创造的成本的降低致使企业代替了市场从而导致企业的存在。学者 Prescott(1980) 也认为：企业中每个个体都是一个知识仓库，而企业成为一个知识仓库集成系统；鉴于知识在企业竞争中的独特的作用，每个企业都有强烈的愿望来储存知识[36]。

由于知识的重要程度随着社会的进步以更快的速度上升，部分学者甚至将企业的知识能力看成核心竞争力。学者 Prahalad (1990) 即把企业组织的核心能力界定为"组织中的积累性知识，特别是关于如何融合不同的生产技能以及有机地结合多种技术流的知识"；Prahalad 进一步指出：是无形的知识而非有形的物质资源帮助企业获得超额经济收益[36]。学者

Conner (1996) 也指出：企业业绩的巨大反差折射了知识治理能力的差异，领先的企业在知识治理上总是先人一步[37]。

此外，有学者提出"企业创造价值的过程就是企业获取知识、应用知识、转化知识和创新知识的过程等观点"[38]。Grant（1996A）认为企业是一个知识集成体系，由于知识可以积累也可以转换，因而能当作要素投入，从而能够创造价值[39]。由此可见，知识积累与转化成为企业知识治理的关键环节[40]。

为了有效地促进知识的转化和积累，有必要建立知识协调体系，促进组织内部知识的吸收和转化。但是，显性知识转化面临的机会主义风险和隐性知识转化的难度，使得外部市场难以有效完成这一功能，而企业的价值恰恰体现在使知识得以有效吸收、转化和创造价值的环境和结构中。因此，企业可以看作是一个集成的知识系统。企业胜过外部市场的地方就在于，知识中隐性知识如果在外部获得，需要面临极大的风险和代价，而通过有效的内部知识治理，可以实现隐性知识向显性知识的转化，最终得以在组织内共享，成为公共知识。学者 Spender (1989) 和 Nonaka (1994) 认为：知识会在不同层次水平上进行流动，既包括个从之间，也包括团队、组织之间，其中也有跨层次的流动。当知识的流动边界受到限制时，企业的扩张也会受到影响[40]。

由以上文献分析可知，基于知识资源观的企业治理理论认为，企业从外部获取知识的成本越来越高；而通过有效的管理实现内部的知识共享、知识流动从而创造新知识的成本会变低，这种知识创造的成本的降低致使企业代替了市场从而导致企业的存在。企业中每个个体都是一个知识仓库，而企业成为一个知识仓库集成系统；鉴于知识在企业竞争中的独特的作用，每个企业都有强烈的愿望来储存知识、共享知识。

2.1.2 知识

不同企业的知识治理方式各异，但都倾向于对知识"是什么"有一个定义[41]（余光胜，2000）。学者们对知识的含义、特征及分类给予了不同的解读。

1. 知识的含义

在中国古代，不少代表性学者涉及对知识的解读。如孔子在《论语》中多次提及"知"，其中便有知识的意思；朱熹在《四书章句集注》里认为"知，谓说其事之所当然"，即知识是对客观世界的认识；王守仁在《传习录》中认为知识是个人的主观感觉，即"心之灵明"。

在古代西方，柏拉图等人认为知识是理性过程的产物，而非主观感觉；而培根等学者则认为知识就是知觉、经验的汇总。后来黑格尔等人整合上述两种观点，认为知识先由知觉产生，后经理性过程上升为规律。

在现代知识治理研究中，部分学者也对知识的含义提出了自己的见解。如 Takeuchi (1995) 认为"人的知觉证明为真实规律后即为知识"[42]。Prusak 和 Davenport(1998) 认为知识是"价值观、经验、专业洞察力和情境性信息的混合体，它为评价和融合经验与新信息提供框架"[15]。学者 Leonard (1998) 认为"知识是具有关联性且可指导行动的信息，其中部分是以经验为基础的"[43]。目前为止，学者们仍然未能就知识"是什么"取得一致的意见，但普遍认可知识具有累积效应，新知识的产生离不开原有知识的铺垫，知识能让个人、企业、国家、人类变得更加强大。综上，本书将知识的内涵界定为：知识是被证明为真实的知觉，能让个人、组织、人类变得更加强大；新知识的生产是已有知识融合新信息的结果。

2. 知识与信息、数据的区别

在企业知识治理实践中，每天都要接触大量的信息、数据，由于形式、储存的相近性，极易与知识混淆。不少学者注意到了这一点，并力求在含义上划定边界做出区分。

学者 Amidon(1998) 认为，知识与信息、数据之间存在依次递进的关系，即知识可由内容翔实的信息构成，信息可由有实际作用的数据构成，而数据是各种分析的基础。学者 Davenport (1998) 认为："数据是一组关于事物的客观、具体的事实，仅仅是对发生事件的描述；它并不提供任何解释和判断，也不提供行为的支撑性数据，并且也不表明自身的相关性和重要性"[15]；"信息与数据不同，它是具有含义的；当数据被贴上某种含义时就变成了信息"；"知识是价值观、经验、专家洞见和情境信息的聚合流，它提供了评估和融合经验、新信息的一个框架，它能在认知者的头脑中产生并能被其头脑所使用。在组织中，知识既可存在于文档中，也可存在于组织流程、关系、规范和实践中"。

部分国内学者也有类似区分，如高洪深和丁娟娟 (2003) 认为：数据反映真实的世界；信息是分类后的数据；知识是智力论证后的信息 [44]。另一位学者尤克强 (2003) 认为：数据是记录客观事实的集合，信息是分类处理后有用的数据，而知识是人类理性对信息的推导结果 [45]。

借鉴不同学者的论述，本书对知识、信息和数据做如下区分：

（1）知识。知识是被证明为真实的知觉 [46]，能让个人、组织、人类变得更加强大；新知识的生产是已有知识融合新信息的结果。知识是人类智慧与客观世界的结合，其治理难度较大也昭示着价值所在。

（2）信息。信息可由有实际作用的数据构成，包括而不限于数据。但信息的真理化为知识的产生打下了基础。企业知识治理实践中，将各种数据去伪存真，筛选有实际应用的数据为客户、员工创造价值。

（3）数据。数据是记录客观事实的集合，反映真实的世界。数据的获得可以在不同的时点、不同的地点、不同的层次上获得，并以不同的形式存在。经过去伪存真、筛选过后可变为价值性较强的信息。

3. 知识的维度结构

通过文献分析，结合不同学者的研究结论和观点，大体可以将知识划分为 3 个维度，即内容维度、适用范围维度、存放方式维度。以下对这 3 个维度作一简单的介绍。

（1）知识的内容维度

内容维度下的知识，又可区分为几种不同的类型，其中以经合组织的区分方法最为人所熟知。第一类为客观世界自然规律方面的知识，是人类对外界本质的探寻；第二类是关于知识的创造者或拥有者的知识，是人类对知识贡献者或知识存放地的共识。第三类是关于如何与各种不同的人沟通、交往的知识，属于人类对于自身交流的认识。第四类是知道知识成因的知识，属于人类的知识反思。

（2）知识的适用范围维度

在知识的适用范围维度下，学者 Gilbert（1996）认为知识分为教育性知识与工具性知识两大类[47]。工具性知识是指人类改造自然所能直接应用的知识，如各个行业生产产品或提供服务直接应用的技术；教育性知识是指为了个人更好地成长或适应组织要求而提供的知识，多和人力资源相关。

（3）知识的存放方式维度

在知识的存放方式维度下，学者赵文平（2004）认为，组织知识治理的对象包括企业自有知识和企业外部知识[48]。企业自有知识是指企业内的员工或团队拥有的知识，具体可分为 6 种形式：①个人知识。即员工个人通过以往的训练或经验而获得的知识。②人际关系。指知识存在于人际关系网络。对于未知的知识，某个员工会向其关系网络中的节点人员学习。所以，企业内部的成员社会关系网络是一项重要知识源。③数据库。通过结构化、数字化方式存储的、对组织有利的规范化知识集合体。数据库在帮助员工解决同类问题时节省精力和时间。④工作流程及其支持系统。是指组织完成某项任务工作的标准化流程，以及企业正常运转所必备的软、硬件支持体系。个人的诀窍和经验可以通过组织的工作流程和支持体系加以沉淀。⑤产品和服务。面向顾客的产品和服务，能体现组织的知识地位。组织提供的产品和服务知识是顾客判断组织的能力的关键参照。⑥通过管理模式、组织制度、组织文化体现的知识。在组织内部知识的 6 种形式中，个人知识的潜能最大，最有可能创造超级价值。外部知识指与组织有联系的其他机构、组织拥有的知识，如企业的用户网络、供应商网络、同行业其他企业的网络，党政官方信源的知识等。

2.1.3 知识治理

1. 知识治理的含义

学者 Alavi 和 Leidner（2001）认为，知识的复杂性导致了知识治理实践的复杂性[22]，不同的学者对知识治理的含义有自己的解释，但没有共同认可的定义。在知识治理概念诞生后二十年时间里，学者们大体持有两种观点：第一种为侧重硬件学派，认为现代科学技术及基础设施是知识治理的关键。第二种为侧重软件学派，认为制度规范是知识治理的关键。随着全社会技术基础设施水平的提高，第二种知识治理观点越来越受到人们的关注。

综合学术界对知识治理的定义，大体上可分为三种：

（1）侧重于结果的定义：学者 Marshall(1996) 等指出，知识治理是个人知识通过知识共享转化为他人知识或组织知识，并带来组织效率的提高 [49]。学者 Darroch (2002) 则认为，知识治理是服务于企业的长远经济目标，为此企业需要进行以知识共享和知识创造为中心的治理活动 [50]。

（2）侧重于过程的定义：学者 Bartezzaghi(1997) 等指出，知识治理是企业在宏观层面上开展的多种互动过程，旨在使个人的知识在变种互动过程中实现分享，并转化为企业知识 [51]。国内学者郁义鸿 (2003) 则指出，知识治理是企业对自有知识以及企业外部知识的合理高效运用，中心环节是提高个人层次和组织层次的知识共享水平，从而提升企业整体知识能力 [52]。

（3）侧重于战略的定义：联合国教科文组织 (1999) 指出，知识治理是企业或组织精心安排的战略，该战略不仅能保证每个员工或公民能在需要的时候获得知识，也能促进企业或组织的经济效益。学者 Allee(1998) 指出，知识治理不仅能促进个体知识的共享，也能促进个体知识的更新，在组织层面建立的治理制度可以同时帮助个人和企业实现知识的升级 [53]。

综上所述，学者们对于知识治理的含义还有比较大的分歧。本书尽量吸收以上学者的贡献，为知识治理做如下定义：知识治理是企业或组织为了实现长远经济或社会目标实施的一种制度安排，其中包括了以知识共享为中心的知识流动全过程。

2. 知识治理的功能

由上述知识治理的含义可知，知识治理不仅包含了利于知识共享和创造的制度安排，还包括了以知识共享和创造为中心知识流动全过程。麦肯锡公司公布的《21 世纪芯片研发能力》研究结果中，概括了知识治理的四大功能，分别为：获得知识、储存知识、共享知识、创造知识，这构成了一个完整的知识治理模型。正面分别从这 4 个知识治理功能模块简介相关研究成果：

（1）获得知识

学者们对获得知识的研究，主要在于寻找知识的策源地。综合 Nelson (1993)、Nonaka 和 Takeuehi (1995)、Von Hippel (1998) 等 人 的研究结论，企业获得知识的源头主要有 5 种：第一种是企业自有的研究部门。学者 Nelson (1993) 指出，大型企业内设的研究部门如实验室、政策室等，是企业获得知识的关键来源[54]。第二种是企业的供货商。学者 Nelson (1993) 指出，供货商往往会主动帮助下游企业获得与合同相关的各种知识，其实企业也可以要求供货商分享未列在合同内的相关交易标的的知识。第三种是行业内领导者或竞争者。学者 Von Hippel(1998) 指出，后发企业获得知识的最好源头就是行业领导者或竞争者[55]；部分后发国家的企业赶超的历史经验也证明了这一点。学者 Pasmore (1993) 指出，后发企业不仅可以通过模仿（山寨）技术获得竞争者的知识，也可以通过正式合作关系直接获得行业领导者或竞争者的知识[56]。第四种是企业的客户。学者 Nonaka (1995) 指出，客户不但是企业产品的购买者，还是企业价值的共创者，也是企业知识的提供者；客户的意见对于产品质量的提升至关重要，每个企业都就设立客户意见收集部门 [41]。学者 Von Hippel (1998) 也指出，企业要重视超前用户的产品使用体验 [55]，以在后续产品研发中持续改进，最终吸引更多的用户。每五种是公立科研机构。每个国家都有设有相当数量的公立研发机构，包括高等院校，它们在基础研究领域实力雄厚，期待与企业合作。企业需要不断关注自身领域内的公立科研机构的科研动向，并适时介入它们的科研成果。

（2）储存知识

有关学者研究如何储存知识时，往往先把知识进行分类。例如学者 Popper (1972) 就把知识分为头脑知识和媒介知识两种，相应地将存储方式分为灵活式存储和固定式存储两种 [57]。灵活式存储的知识主要分布在企业员工的个人头脑中，多少和层次依赖于员工个人的素质；固定式储存的知识主要指分布在文本资料、统计报告、调研纪录中的知识。学者 Bonora (1991) 在此基础上又将知识分为零星式储存知识和整体式储存知识 [58]。零星式储存则是指分布于员工个体头脑中的随机的知识，整体式储存是指组织层面上整合过后的知识。

（3）共享知识

关于共享知识的研究，学术界重点从组织行为学的角度进行研究，如学者 Bartlett（1987）从组织激励的角度出发 [59]，学者 Prhalad（1987）从组织文化的角度出发 [60]，学者 DavenPort（1998）和 Smith（1999）从组织机构的角度出发 [15][61]，学者 Hall（2001）和孙红萍（2006）从组织关系的角度出发 [62-63]，常涛（2010）、储节旺（2011）、赖辉荣（2012）

从组织评价的角度出发[64-66]分别阐述了相关因素与知识共享的关系，初步形成了知识共享影响因素变量模型。上述学者大都提到，由于知识具有一定的难于模仿性和外部共享风险性，因而通过企业内部的知识共享进而提高企业的知识水平和知识能力就显得尤其重要。而来自管理实践的反馈是，新知识的创造十分困难并且高度依赖员工个人的头脑和创造性，那么鼓励知识共享从而提高全员的知识水平正是高新技术企业知识治理的重要工作内容。

（4）创造知识

在创造知识的研究方面，学者们关注的是创造的过程和方法。学者Nonaka 做出了有相当影响力的研究结论。Nonaka (1994) 指出：要想领先于市场，必须不断创造新知识，否则很容易被复杂多变的竞争市场所淘汰，而高技术企业应对挑战的最好方式就是不断创造知识并开发新产品[67]。两位学者 Nonaka 和 Takeuchi (1995) 将知识分为隐性知识和显性知识，并指出二者在个人层次与组织层次上相互转化，最后可能导致新知识的创造。由此他们提出了著名的 SECI 模型，即创造知识螺旋模型[23]。在这个模型里，创造知识要经历四个阶段，第一个阶段是企业员工将习得的显性知识叠加实践经验形成自己独特的隐性知识，即"内化"阶段；第二个阶段是通过组织工作关系将自己独特的隐性知识分享于他人，此即为最关键的"社会化"阶段；第三个阶段是指某个体的隐性知识分享于若干同事之后，经过众人的共同努力，可以将更容易表达出来，此即为"外化"阶段；第四阶段是指企业从提高员工知识水平出发，要将"外化"为显性知识的隐性知识更加显性化，以便全员都有机会获得这项知识。此项工作企业要采取各种组合方法完成，包括而不限于培训、发送文件等，此即为"组合"阶段。四阶段创造知识模型如图 2.1 所示。

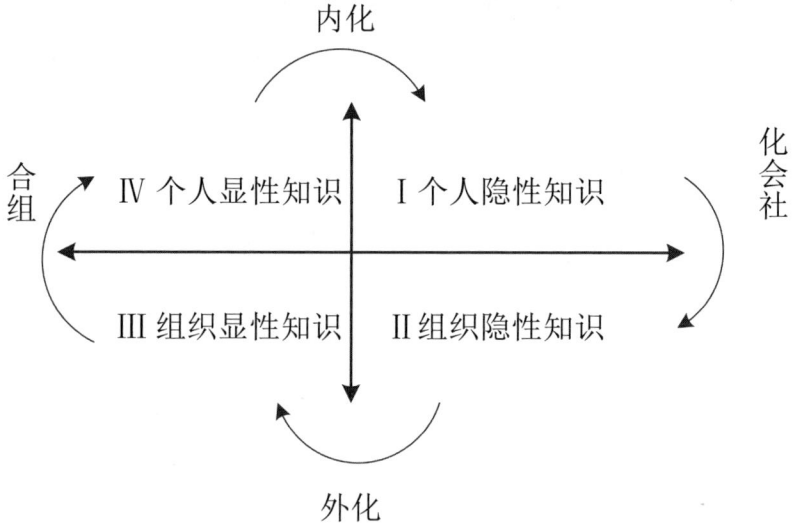

图 2.1　创造知识的四阶段模型

上述知识治理的相关功能文献显示，获得知识和创造知识会有新的知识出现，共享知识和储存知识目的是让更多的成员接触到知识。若考虑到获得外部知识的难度和成本，企业倾向于内部创造新知识，这时候，共享知识就显得格外重要。

2.2 知识共享的文献综述

2.2.1 知识共享的含义

随着知识经济时代向数字经济时代过渡，知识管理理论也向知识治理理论升级。学者们普遍认可，但不管是知识管理理论，还是知识治理理论，都有一个重要概念越发重要，那就是知识共享。因为随着经济形式向高级化发展，知识作为生产要素所占的比重也越来越大，企业越来越重视新知识的创造，但当外部获取知识的成本及风险过大，内部知识创造更为有利时，知识共享便成了组织知识治理的重心，而现实中知识共享不会自发产生[68](Ruggles,1998)，需要在一定的条件之下才能有效展开，因此，知识共享成为理论研究的热点。

1. 知识共享的各种定义

学者 Bartol(2002)认为"知识的共享，无论是隐性还是显性，都需要个体来完成"[69]。学术界对知识共享的阐释更倾向从个人层次展开，有的是从过程角度来定义，有的是从效果角度来定义。

（1）个体层次、过程角度的知识共享

在个体层次、过程角度这条主线上，学者们大多总结了知识共享发生的各个过程，并分析发生机制。梳理文献，这条主线上的学说大体可分为三类：个人组织互动说、个人个人互动说、个人个人交换（交易）说。个人组织互动说以学者 Nonaka 和 Takeuchi (1995) 为代表，两位学者将知识分为隐性知识和显性知识，并指出二者在个人层次与组织层次上相互转化，最后可能导致新知识的创造。由此他们提出了著名的 SECI 模型，即创造知识螺旋模型 [23]。在这个模型里，创造知识要经历四个阶段，第一个阶段是"内化"阶段：第二个阶段是"社会化"阶段；第三个阶段是"外化"阶段；第四阶段是"组合"阶段。个人个人互动说以 Botkin(1999) 等学者为代表。此学说中会有一个知识供给者和一个知识接收者 [70]，供给者以合适方式（培训、写书）表达出来，接收者则以相对应的方式获得这些知识。在此过程中，知识供给者、接收者必须有相互沟通互动的过程，且二者需要互相认可，尤其是接收者认可供给者。个人个人交换（交易）说以学者 DavenPort (1998) 最为有名，此说的主要内容有，知识是一种无形的、异质的商品，可以交换、可以交易，存在知识交易的市场 [15]。知识交易的双方可以商定具体的交易价格、交易时间、交易地点以及交易方式。知识共享发生在知识交易的过程当中，包括知识的输送和知识的吸收。但由于知识的高度非对称性，企业个人之间的交换更为常见，而非货币化的交易。

表 2.1　个体层次、过程角度主线知识共享的含义

提出者	含义
Nonaka & Takeuchi (1995)	提出关于隐性知识和显性知识的 SECI 模型，即创造知识螺旋模型。二者在个人层次与组织层次上相互转化，最后可能导致新知识的创造。经历四个阶段，第一个阶段是"内化"阶段：第二个阶段是"社会化"阶段；第三个阶段是"外化"阶段；第四个阶段是"组合"阶段。
Hendrik (1995)	知识供给者与接收者之间的互动过程。

续表

提出者	含义
DavenPort (1998)	知识是一种无形的、异质的商品，可以交换、可以交易，存在知识交易的市场。知识交易的双方可以商定具体的交易价格、交易时间、交易地点以及交易方式。知识共享发生在知识交易的过程当中，包括知识的输送和知识的吸收。
Bartol (2002)	组织中的个人与他人分享与组织相关的想法、信息、经验、建议的过程。
魏江（2004）	个人层次的各种（隐性、显性）知识，在工作过程中的正式渠道，或工作情境外的非正式渠道分享于他人，范围不断扩大最终变为组织层次的知识
Ipe(2003)	个人层次的知识经过外化的过程，被其他个体认可、接收，并最终转化为组织知识。
Hansen(1999)	供给者以合适方式（培训、写书）表达出来，接收者则以相对应的方式获得这些知识。在此过程中，知识供给者、接收者必须有相互沟通互动的过程，且二者需要互相认可，尤其是接收者认可供给者。强调科技手段的重要性
Gilbert & Gordey-Hayes (1996)	知识共享不是自发产生的，各主体须有学习目标取向，组织要制定学习目标并传递给每个人。知识共享链条包含一环节较多，因而存在困难性。

（2）个体层次、效果角度的知识共享

在个体层次、效果角度这条主线上，学者们解释知识共享时会考虑知识的共享功能所带来的效果。学者 Dixon (2000) 认为知识共享的功能就是"让别人知晓"，因而知识共享就是分享自有的知识，让别人知晓，最后双方都掌握知识，这个过程可以单向进行，也可以双向进行[71]。学者Senge (1997) 认为获得知识最终为了更好地提高应对能力，适应社会要求，由此他提出知识共享不是简单地知识从供给者转移给接收者，还包括了知识能力强大一方帮助另一方提高学习能力，并最终提升应对能力，最终能更加自如地适应社会环境和工作要求[72]。学者 Hendriks (1999) 也有类似观点，他认为，为了达到让需求方"重构知识"的效果，共享行为中的知识供给方不能简单地将知识灌输给需求方，还要帮助需求方理解知识的前因后果、应用场景，与自有知识、公司知识融会贯通，真正重构为需求方"自己的知识"[73]。

表2.2　个体层次、效果角度主线的知识共享含义

提出者	含义
Dixon (2000)	知识共享的功能就是"让别人知晓"，因而知识共享就是分享自有的知识，让别人知晓，最后双方都掌握知识，这个过程可以单向进行，也可以双向进行。
Senge (1997)	获得知识最终为了更好地提高应对能力，适应社会要求，由此他提出知识共享不是简单地知识从供给者转移给接收者，还包括了知识能力强大一方帮助另一方提高学习能力，并最终提升行为能力，最终能更加自如地适应社会环境和工作要求。
Hendriks (1998)	知识共享至少涉及两个主体，一个拥有知识而另一个需求知识。为了达到让需求方"重构知识"的效果，共享行为中的知识供给方不能简单地将知识灌输给需求方，还要帮助需求方理解知识的前因后果、应用场景，与自有知识、公司知识融会贯通，真正重构为需求方"自己的知识"。
李涛和王兵 (2002)	知识共享涉及主体双方的行为，一方将知识分享于他人，另一方接受知识，双方共同合作，令接受方重构知识，变成"自己的知识"。

续表

提出者	含义
李军（2007）	为了达到让需求方"重构知识"的效果，共享行为中的知识供给方不能简单地将知识灌输给需求方，还要帮助需求方理解知识的前因后果、应用场景，与自有知识、公司知识融会贯通，知识能力强大一方帮助另一方提高学习能力，提升行为能力，最终能更加自如地适应社会环境和工作要求，真正重构为需求方"自己的知识"，也达到提升组织层次知识水平的效果。
陈娟（2006）	知识共享涉及主体双方的行为，一方将知识分享于他人，另一方接受知识，双方共同合作，令接受方重构知识，变成"自己的知识"。知识共享的过程一般包括转移和接收两个过程，可以正向或反向流动。

（3）组织层次知识共享的含义

学者 Dixon (2000) 认为个体层次进行的知识共享，最好的结果是使所有团队或组织成员都能掌握知识，以至于成为更高层次的公有知识[71]。学者 Alavi 和 Leidne (2001) 指出知识在团队、组织或企业内部不同层次上流动构成了知识共享[22]。即"组织内部的知识共享可以在个体、团队、组织三个不同的层次上发生，并且这种知识的扩散可通过不同渠道进行，如正式或非正式渠道，个人或非个人渠道等"。学者 Lee(2001) 也认为，知识从一个不同层次水平的起点流动到另一个不同层次水平的终点的过程即为知识共享[74]。学者单雪韩 (2003) 则指出，将不同层次来源的知识设法变成企业所有个体的知识，即为知识共享过程[75]。学者祁红梅等 (2003) 则从隐性、显性知识在组织次、个人层次的互相转化，并最终成为企业层次资源的角度定义了知识[76]。而学者林东清 (2005) 则从跨组织的角度定义了知识共享，认为其是不同组织间的一个组织与其他组织交流，最终增加了两个组织的知识水平[77]。

表 2.3　组织层次知识共享的含义

提出者	含义
Alavi & Leidne (2001)	知识共享是知识在组织内部外部扩散的过程，可以跨层次地发生在个体、团队、组织之间。这种知识扩散能通过不同渠道发生，如正式或非正式渠道，个人或非个人渠道。
Lee (2001)	知识从个人、团队或组织转移或扩散到另一人、团队或组织的活动。
单雪寒 (2003)	个体知识、组织知识通过各种手段为组织中其他成员所分享，进而通过知识创新实现组织的知识增值，所以知识共享是知识拥有者的外化行为与知识获取者的内化行为的结合。
祁红梅等 (2003)	共享主体（员工、团队、组织）的隐性知识和显性知识通过各种手段分享，转化为组织的知识资源的活动。
林东清（2005）	组织内外的员工或内外部的团队在组织内部或组织之间，彼此通过各种正式非正式渠道进行知识讨论和交流，其目的在于通过知识交流，增加知识的价值并产生知识溢出效应。
孙红萍等 (2007)	知识共享是知识拥有者与别人分享自己的知识，是知识从个体拥有转变为群体拥有的过程。

显然，学术界对知识共享的内涵界定没有达成一致，综合前人的研究成果，吸收学术认可程度较高的理论精华，本书认为：知识共享是知识供给者与需求者不断互动致使知识反复外化、内化，最终增加组织知识能力的过程。其中：

①知识共享是一种人际行为，参与者至少有两个，可以笼统地称为供给方和需求方，他们可以是不同层次的组织或个人。

②用来共享的知识可以存在于不同层次组织或个人中，也可以存在于组织之外。

③知识共享进程可以分为两部分，一部分是知识供给者的知识输出进程，另一部分是知识需求者的知识输入进程，并且可以反复发生。

④组织重视知识共享的初衷在于提升其知识能力,转化成经济效益。在共享知识的进程中,没有任何一方损失知识,只有知识覆盖人群的不断扩大,并且被覆盖者在知识供给者的帮助下,能重构知识,产生知识创新效应。

以上文献分析可知,学术界对于知识共享的内涵解读存在不少分歧,关注的角度和层次有所不同。本书侧重于跨层次角度,研究知识供给者如何在触发因素的影响下,动态地将知识分享于需求者。

2. 知识共享、知识转移、知识流动:区分与联系

人类对知识的渴求,加上知识创造过程的合作性,产生了很多类似知识共享的行为,如知识移转,知识沟通,知识学习,知识散播,知识流动,甚至知识交易。在学术研究中,各位学者并未仔细区分这些概念之间的异同。比如有学者交替使用知识转移与知识共享,有学者直接将知识流动等同于知识共享,也有学者把知识转移当成知识共享[78-79]。

也有国内外学者试图厘清相关概念的差异,如学者 Ford (2004) 就对知识流动、知识转移、知识共享三个知识相关常用概念进行了区别分析,他指出,知识流动是跨组织边界的、有规律地、长时间地在各个主体之间转换[80];知识转移主要指组织跨界的知识输送;而知识共享则更多强调非正式的以组织内交流为主的知识扩散行为。我国学者林东清 (2005) 也从组织主导程度来区分知识共享与知识转移两个概念,一般情况下,知识转移被主导性强、规模大、时间长,宏观目标及受益人比较明确,而知识共享更多的是出于自发性、随机性大、有比较强的情境效应[77]。

3. 知识共享意愿与知识共享行为:区分与联系

梳理关于知识共享的研究文献,会发现这样一个现象,学者们经常

使用知识共享意愿与知识共享行为这两个概念，尤其在针对个体层次的研究中。部分学者认为有意愿就会有行为，如学者 Bock et al. (2005)[81]、Hsu 和 Lin (2008)[82]、Lin (2007) 等 [4]，他们的研究中知识共享意愿成为结果变量，认为只要提高了个人的知识共享意愿就能激发个人的知识共享行为并提升个人层次的知识共享水平。同时，也有部分学者不赞同将知识共享意愿当作与知识共享行为一样的结果变量，认为有意愿不等于行为就会发生。如 Bock 和 Kim (2002)[83]、Chennamaneni (2006)[84]、Kuo 和 Young (2008)[85]、Chou 和 Chang (2008)[86] 等学者在研究中将知识共享行为当作结果变量，而将知识共享意愿当作知识共享行为发生的影响因素之一。关于知识共享意愿能否与知识共享行为等同问题上，不同学者的研究也发生了分歧，如 Bock(2002)、Yanga(2009) 的结论中 [83]，知识共享意愿变量仅仅分别解释了知识共享行为 1.5%、1.4% 的方差；而在 Chou 和 Chang(2008)、Chennamaneni(2006) 等学者的结论中，知识共享意愿解释知识共享行为的方差达到了 32.8% 和 31.4%[84,86] 之多。可以预计，未来针对知识共享意愿与知识共享行为的研究中，还会出现分歧，应该结合其他约束条件研究才能出现更令人信服的结论，比如，某些条件具备的话，知识共享意愿就一定导致知识共享行为出现，某些条件缺位的话，有知识共享意愿不一定导致知识共享行为的发生，而某些条件下，没有知识共享意愿也能出现知识共享行为。

综上，本书认为，仅从概念本身描述的对象来看，知识共享意愿与知识共享行为是有一定的差距的，意愿描述的是内心状态，他人并不容易感知，而行为描述是已经或正在发生的事情，别人容易感知。至于二者能否混用的问题，其实也是现实知识治理的痛点所在：要创造一种环境，让所有成员只要有知识共享意愿便可将知识分享于他人，不存在其他障碍；一旦这种想"共享"就"共享"的情境模式塑造成功，研究中，知识共享意愿就可等同于知识共享行为，知识治理也就获得了极大成功。

2.1.2 知识共享的影响因素

在企业知识治理实践中，知识共享环节往往成为治理效率高低的关键，如识别并有效管理知识共享行为的重要影响因素成为理论界与实业界的关注中心。学者 Szulanski (1996)[13] 从企业知识治理的案例中总结了四个知识共享行为的影响因素：第一是知识供给方的共享动机强烈程度；第二是知识本身的属性，包括逻辑的复杂性程度、易于用语言表达的程度、学术背景要求程度等；第三是需求方的知识渴求程度以及消化吸收能力；第四是共享环境，创造机会的同时造成困难的程度。学者 Von Hippel (1994)[55] 还从知识共享过程中流动摩擦力的角度分析了阻碍知识共享的原因，他认为知识流动摩擦力普遍存在，与知识本身的性质、供给者与需求者的素质条件有关。学者 Eriksson(2000)[87] 也总结了四种共享影响因素，分别为：第一种是以信息技术为主的设施完善程度；第二种是推动共享开始与进行的领导力；第三种是共享过程的治理；第四种是塑造益于共享的价值规范，形成组织氛围。学者 Cummings(2003) 吸收前人的研究成果[88]，构建了影响叠加情境的作用模型，包括知识、需求者、过程和关系的四种情境，此外还包含知识距离等九个影响因素。我国学者王国保 (2012) 也总结了包括属性、技术、人文、组织和自身素质在内的五种共享影响因素。

综上，学术界从诸多方面论证了知识的共享因素，有主观方面的比如"意愿""动机"，有客观方面的，如"设施""属性"，也有情境方面的，如"组织""文化"。主流成果总体包括"主体因素、客体因素、技术因素、文化因素和组织因素"五个方向。本书也在相应方向进行文献的整理，如表 2.4 至表 2.8 所示：

表 2.4　影响知识共享的技术因素

类型	影响因素	代表人物及其研究
技术因素	网络平台技术	Yoo et al(2002)、Hsu & lin(2007)、孔德超 (2009)、成全 (2012) 等
	知识库技术	Hildreth & Kimble(2002)、Kim(2006)、Preece(2000)、秦铁辉和程妮 (2006)、王玉晶 (2008) 等
	信息沟通技术	Hendriks(1999)、Chung(2001)、Hall(2001)、程妮 (2008)

表 2.5　影响知识共享的主体因素

类型	影响因素	代表人物及其研究
主体因素	主体心理	Hinds & pfeffer(2003)、王真 (2005)、冯帆和杨忠 (2009)、卢福财和陈小锋 (2012) 等
	主体能力	Davenport & Pmsak(1998)、Tsai(2002)、Huber (2001)、Hinds & Pfeffer (2003)、雷志柱和雷育生 (2011)、王子喜和杜荣 (2011) 等
	主体间依赖	Jarvenpaa & Staples(2001)、Lengnick-Hall(2003)、吴盛 (2004)、常涛和廖建桥 (2011) 等
	主体间关系	Kaser & Miles(2001)、Szulanski(2000)、Andrews & Delahay(2000)、Dirks & Ferrin(2001)、Levin & Cross (2003)、Chowdhury (2005)、孔德超 (2009) 等

表 2.6　影响知识共享的客体因素

类型	影响因素	代表人物及其研究
客体因素	知识的自然属性	Polanyi(1966)、Nonaka & Takeuchi(1995)、Zander & Kogut(1995)、Cummings & Teng(2003)、Levett & Guenov(2000) 等
	知识的社会属性	Wasko & Faraj(2000)、Uzzi & Lancaster(2003)、慕继丰 (2002)、雷志柱和丁长青 (2010)、金辉、杨忠和冯帆 (2011) 等

表 2.7　影响知识共享的组织因素

类型	影响因素	代表人物及其研究
组织因素	组织激励	Bock et al(2005)、Kankanhalli et al(2005)、Muller et al.(2005)、Kang et al (2010)、张晓东和朱敏 (2012)、等
	组织制度	Hinds & Pfeffer(2003)、王真 (2005)、胡安安等 (2007)、程妮 (2008)、喻秋兰和夏湘远 (2010) 等
	组织结构	Bergeron (2003)、王真 (2005)、王玉晶 (2008)、文庭孝等 (2005)、卢小宾和王克平 (2011) 等
	组织文化	Pan & Scarbrough(1998)、McDermot & 0'Dell (2001)、常亚平等 (2010)、李显君等 (2011)、张晓东和朱敏 (2012) 等
	组织氛围	Zarraga & Bonache(2003)、Bock et al(2005)、Collin & Smith (2006)、史江涛 (2011) 等

表 2.8 影响知识共享的文化因素

类型	影响因素	代表人物及其研究
文化因素	集体主义	Chow et al(2000)、Littrell(2002)、Husted & Michailova (2002)、Hutchings & Michailova (2003)、王国保 (2010) 等
	面子文化	Voelpel & Han(2005)、Ardichvili et al(2006)、Hutchings & Michailova(2006)、Tong & Mitra (2009) 等
	关系文化	Hutchings & Michailova(2006)、Shin et al (2007)、Huang et al(2008)、Huang et al (2011) 等
	其他民族文化	Ralston et al(1999)、Leung et al(2002)、Shin et al (2007)、毛世佩 (2008)、江涛 (2008)、梁欢 (2009) 等

结合本书的研究主题，下文将分别对知识共享的激励研究和知识属性研究做进一步详细回顾与阐述。

1. 知识共享激励的研究

在知识共享的众多影响因素中，学术界研究较多的激励因素。学者何绍华 (2005) 认为，知识治理的最终落脚点是"作为生活在竞争环境中的社会人，需要心理上和经济上的满足，知识共享供给者无论是个人还是组织都需要获得自己期望的利益，否则就会失去从事这种知识生产与分享活动的动力"，于是如何满足知识供给者的期望利益[90]，即"激励"，成为理论研究和治理实践的重要环节。

关于共享激励，学术界关注较多，主要是提出各种激励因素，并确定各因素的作用程度，研究方法上有实证研究，也有规范研究。

（1）激励对于知识共享的作用研究

国外学者 Szulanski(2000)、Davenport 和 Prusak (1998)、Hall(2001)、O'Dell (1998) 均认为，组织层次的激励、奖赏，无论是物质形式还是精

神形式，都能有效促进成员个人的知识共享行为，而缺乏组织层次的激励、奖赏，会阻碍成员个人的共享行为[91,15,92,93]。我国学者魏江和王铜安(2006)、冯天学和田金信(2005)认为，组织建立激励体系并有效实施对个人的知识共享有显著的效果，进而影响到组织层次的知识共享效果[94-95]。学者丛海涛(2007)、周密等(2007)则分析了知识共享存在难度的原因，或者是因为隐性知识的编码难度，或是职场的竞争风险，这导致没有激励措施通常难以自行发生预期的知识共享行为[96-97]。上述学者均提到一些激励措施缺位的情况，比如：绩效评估中没有共享行为项，不能激发员工的兴趣，奖励不及时不足够。

部分学者对于知识共享为什么需要激励提出了见解，如 Burgess(2005)、Gherardi(2001)、Osterloh(2000)认为在整个共享过程中，知识的供需双方都会消耗大量的时间甚至财富，至少给予补偿性激励才能顺利开展共享活动[98-100]。

由于知识是一种稀缺资源，知识供给方在共享知识时面临着价值衡量，不管是出于谦虚还是出于本能，此时往往会存在隐藏知识的动机；如果进行知识共享，那么需要付出相应的努力，进行培训、出版、会议等，容易望而生畏；还有，共享行为也存在一定的面子风险，尤其意欲分享的知识达到需求者预期，或者需求者认为供给者有选择性地分享知识时，往往会面临着诋毁性的评价，从而带来面子损失[101-102]（Gibbert & Krause, 2002；Gherardi&Nicolini ,2001;Burgess,2005;Bock et al,2005）。因此，面向供给者的激励措施非常必要。

对于知识需求方来说，同样要付出一定的时间、金钱成本；特别是在知识的价值定位上，并不是所有人都有同样的尺度，供给者认为分享了极具价值的知识，而需求者认为价值含量不足，或认识不到价值，这会对以后的共享事件造成负反馈；如果知识共享之后，面临着更高的绩效考核要求，那么共享安排就会受到部分员工的抵制。

总之，不论是从供给方来说，还是需求方来说，都要给予适当的激励安排，才能保证共享活动持久、有效地开展下去。

（2）各种激励知识共享的因素

上述文献成果中，有对知识是商品或服务的类比，有当作社交手段的描述，有自我目标取向的结果，因此，关于激励因素的分析，多从经济学（商品或服务）角度、社会学（社交手段）、社会情理（目标取向）角度来发现具体的前因变量。

持有经济学观点的学者认为共享的知识可以看成是商品或服务，存在供求关系，符合经济学规律，如果要增加供给或需求的话，应该使用经济学手段并且能达到相应效果。在激励方式上，我国学者谢荷锋和刘超（2011）认为实施激励时可以以个人激励为主，也可以以团队激励为主[103]；丛海涛和唐元虎（2007）认为对于容易集成的知识宜采用团队方式，难以集成的知识宜采用个人方式[104]。但是经济学方式的激励能否直到预期的效果在学术界还有争议，学者 Kankanhalli et al.,（2005）、Davenport（1998）、Husted（2002）以及冯帆（2007）等的研究结论认为，经济学方式的知识共享激励会提升个人层次的共享倾向[11,15,105,106]；而学者lin（2007）、Bock et al（2005）以及 Bock & Kim（2002）的研究结论却发现经济式激励机制会抑制个人层次的知识共享[4,81,107]；甚至 Tohidinia & Mosakhani（2009）的研究结论发现经济方式的激励与知识共享之间不存在显著的关系[108]。这三种研究结论在企业知识治理实践中也都有印证，因而有学者开始研究是否有其他变量发挥着某种作用。Hansen (1999) 认为，这个变量是知识的属性[109]，当它易于编码时（显性程度高），经济学方式的激励会发挥作用，当它的易于编码程度低时（隐性程度高），经济学方式的激励不太容易起作用。在企业知识治理实践中，经济学方式的激励时而有效，时而无效，总体效果受控性差，这主要源于共享激励程度与共享行为及共享价值的不匹配：显性程度高的知识自然容易商品化，但企业知识治理的关键还是促进隐性程度高的知识产生共享，当不经意间的共享行为没有被激励措施照顾到时，或者因为价值判断的分歧导致激励程度与价值程度不匹配时，反而会导致知识供给者产生负面心理，下次不太愿意进行共享，导致激励措施的负效应。因此除了少数情况外，企业难以真正实施经济学式激励，甚至已经实施的不得不停止。因此，从经常学角度出发寻找知识激励因素存在一定的局限性，不少学者纷纷转向其他角度来发现知识共享的激励因素。

持有社会学观点学者们认为，知识共享是一种社交行为，要不要共享知识，共享多少，往往不是从经济学角度考虑，更多的是出于个人在社交中的角色考虑，即知识共享是社会（学）关系的结果。顺着这条主线，学者们提出了诸如互惠、形象、社会关系等激励因素。例如学者 Lin (2007) 、Kankanhalli et al. (2005) 和 Bock et al. (2005) 等人的研究结论均支持"互惠"可以有效促使成员个人参与知识共享[4,11,81]；学者 Hsu 和 Lin (2008) 通过实证研究认为，不只是互惠，公众形象和社会关系都会显著提升成员个人的共享愿望和行为[82]。来自企业知识治理实践的反馈也基本印证上述观点，当个人之间存在良好关系时，知识的共享较多；当有成员不愿共享知识时，他会受到其他人的抵制，并且他人也不愿再向他共享知识，造成社交风险；当有知识不共享会损害声誉时，部分有知识者会适时共享一些关键知识。总之，社会学角度的激励措施更能考虑体现人的社会性这个前提，可以在不用考虑知识本身的情况下进行组织机制方面的设计以达到提升组织内成员知识共享水平的初衷。

经济学与社会学角度激励因素的发现路径均是外部因素即外部动机对于个人的影响，忽视了个人自身内部的影响因素。社会心理学认为，共享行为一定会存在内部动机的影响。部分学者已开展了相关研究，如Bock et al.(2005)研究发现，成就感、效能感会显著提升个人共享知识的意愿与行为[81]；而Lin(2007)研究发现，获得助人为乐的幸福感也是个人经常共享知识的动力所在[4]。总结起来，第一种内部激励因素是"自我感知"类的，第二种"有利他人"类。但这两类因素虽然真实存在，但容易出现在某一具体人群中，短时间内并不容易识别、培养，因而限制了实践应用。

2. 知识的属性

不少学者如 Von Hippel（1998）、Reagans 和 McEvily（2003）等发现，知识本身的性质，即知识的属性，也会影响到知识的共享[55,110]。因而，学术界对知识的属性研究产生了兴趣，但尚未有定论。

（1）知识的自然属性

部分学者如 Nonaka 和 Takeuchi（1995）、Polanyi（1966）、Levett 和 Guenov（2000）等从"知识的可传递性质"，将知识分为"显性知识"和"隐性知识"两大类[23,111,112]。显性知识是指不需要个人特别加工、系统化程度高、易于表述、能被量化、并且可用技术手段储存输送的知识。而隐性知识是指在个人工作生活背景中形成、经过个人特别加工、难于表述、不能借助于技术手段传播、不能独立于作者储存的知识。为了区分这两类知识，部分学者提出了一些概念，如 Winter（1998）、Zander 和 Kogut（1995）提出的"可观察程度"[114,115]、Turner 和 Makhija（2006）提出"可编码程度"[113]、Cummings 和 Teng（2003）提出的"可表达程度"[88]。

　　知识的复杂程度也知识属性的一个重要指标，它衡量的是知识含量概念。有学者描述了这个概念，如 Galunic（1998）、Hansen（1999）指出知识复杂程度是指知识中必要信息的深度、广度和数量[116,117]。学者 Kogut 和 Zander（1992）、Zander 和 Kogut（1995）提出，知识复杂程度也即知识功能的多寡，且功能参数来源于距离较远的学科或领域[115,118]。例如：一个制药车间的运转，需要大量跨学科的知识背景，如洁净程度、原材料的杂技质含量、设备的自动化程度以及检验规程等所需的知识。而单一性或不甚复杂的知识构成单元较少，常常是为了实现特定的功能，信息的异化程度比较小，因而对知识背景的要求也就较低。

　　Winter (1998) 等学者从"情境重现"的角度研究了知识的嵌入社会系统性特点[114]。社会学家提出：了解知识必须分析知识背后的社会情境，因为任何知识都是其所属社会系统的一个子成分。嵌入社会系统性意思是指某些知识的价值高度依赖特定的社会情境，当情境条件转换时，这些知识将失去用武之地。Prahalad(1993) 举例[119]：索尼公司的微型知识并不怕其他企业模仿学习，原因在于这些知识与索尼公司特有的情境比如组织形式、管理习惯、绩效考核方式等高度相关，或者说已嵌入索尼公司的社会系统中。因此，学者 Cummings(2003) 等[88] 高度依赖社会情境或者说嵌入社会系统性程度较高的知识转移效果并不理想。

部分学者从"知识的易于转移程度"的角度出发，提出了一个知识的新概念——模糊性[120,121]（Szulanski，1996；Simonin，1997）。学者Szulanski(1996)、Grant(1996)以及Nonaka(1994)等认为：模糊性越高的知识越难以共享，因为模糊性高的知识由于理解难度较大从而转移成本较高[13,38,39]。学者Simonin (1997)把知识模糊性的原因按照来源分为两种：一种是属性原因，包括隐性程度、专用性程度和复杂性程度。另一种是知识传递双方的原因，包括接收者的水平、输出者的保护程度、两者所处的社会情境的不同[121]。

学者Szulanski(1996)基于"为管理决策服务"的角度出发，创造了知识的完整性这一概念[13]，其内涵是指在一定的决策背景下，知识是否能完全支撑决策者进行决策并借以完成某项任务。如果决策情境不明确，可预期性差，那知识就不具备完整性（Gresov，1989）[122]。学者Snell和Youndt (1995)这样解释知识的完整性：有确定的问题，进行决策所需的知识是可及的，结果也是预期明确的，执行进程不会发生变形[123]。

通过以上文献梳理，可以发现，自然属性能影响知识的共享，不少学者也就此进行了研究。学者Zander和Kogut(1995)从知识重现的角度研究认为，知识的可观察性越低，则共享的难度越大[115]。而学者Szulanski(1996)实验后发现，因果关系模糊的知识会产生粘性，进而影响到共享[13]。学者Holtham和Courtney (2001)则认为知识的隐性程度会影响到共享，隐性程度越高，共享难度越大[124]。学者Simonin(1999)指出，隐性而又复杂专用的知识会产生因果模糊性，而这又会负面影响知识共享[125]。学者Cummings和Teng(2003)通过实验发现：可表达性差的知识，嵌入程度就会越深，从而也影响到共享的效果[88]。学者Hakanson

和 Nobel(2001) 指出：不易描述从而隐性程度高的知识不易学习，也就不易教于别人 [126]。学者 Heiman 和 Nickerson(2004) 的通过实地调研发现：隐性程度高、过于复杂的知识会增加共享成本，从而降低共享的效果 [127]。Birkinshaw (2002) 则通过对知识型企业的研究指出，知识的可观察性和嵌入系统性指出在影响知识共享的作用关系中，组织结构发挥了中介作用 [128]。学者 Westphal 和 Shaw(2005) 对知识的自然属性进行了四个维度的划分，分别是隐性程度、可替代程度、特殊程度以及可感知有用程度，通过实验研究，结果显示：隐性、不可替代、特殊及不被感知有用的知识越难于共享 [129]。国内学者宋志红等 (2010) 通过对 115 家高新技术企业调查发现，知识的隐含性和零散性对知识共享效果有显著负面效应 [130]。

上述文献分析显示，知识的自然属性会影响知识共享，这在学术界已成不争的事实，然而自然属性是如何对知识共享产生影响的，影响机制是什么，影响程度有多大，在具体社会情境中自然属性究竟充当了什么变量，学者们尚未给出明确答案，也尚未进行系统的研究。

（2）知识的社会属性

上述讨论的知识的自然属性，包括隐匿性、复杂性、嵌入社会系统性等等，是从知识本身的特征出发，有一定的客观性，其对知识共享的影响也具体确定性，没有注意知识的"主观性特征"。但现实中不少知识往往是与具体的个人相关的，因此，知识除了含有客观的自然属性外，常常还包含了被具体个人赋予的社会属性，而这个社会属性因人而异，主观程度较高。学术界对知识的社会属性总体研究不多，部分学者从所有权角度进行了初步探讨。

知识究竟是私人所有还是组织共有，有学者就对这个问题进行了探讨。如慕继丰 (2002) 认为，知识的确可以划分为个人知识、企业共有知识两大类 [131]。Uzzi 和 Lancaster (2003) 也实证调查后指出，组织内部的知识的确是有个人与公共拥有之分 [132]。

在企业知识治理实践中，几乎所有的组织都有这样的倾向，即成员的知识也归公司所有，尤其在集体主义强烈的情境中。但实际情况不尽如人意，组织成员并不会将自己所有的知识看作公共财产，而是当作可以实现经济、社会、感情诉求的私人物品。有学者研究认为，作为个体，总是在情感上认为知识天然地属于自己所有 (Jones&Jordan,1998)。学者 Wasko 和 Faraj(2000) 认为组织成员在情感上对知识所有权的划定会影响到知识的共享与转移 [134]。企业知识治理过程中，倾向于激励私人知识的共享，而对于认定为公共物品的知识，倾向于认为成员有共享的义务，从而给予较少的或不给予激励。在这种博弈环境下，成员往往主动共享与个人背景关系不大的容易显化的知识，而对于有赖于个人背景的知识倾向于保留，以作为个人利益的支撑。

2.1.4 知识共享研究的基础理论

选择合适的基础理论是提出研究假设以及构建概念模型的关键一步。梳理学术界关于知识共享的研究过程，可以发现，有三种基础理论应用较多：社会交换理论、激励理论和计划行为理论。社会交换理论的内核是"社会交往的过程就是交换的过程"，因此，该理论指导下的知识成为拥有者的私人筹码，用以与其他社会成员或组织进行资源交换 [15,120,135]（Davenport&Pmsak，1998；Szulanski，1996；Hinds&Pfeffer，2003）。计划行为理论的核心观点是"人的行为是受行为意向的影响的，是理性有计划的"，在此理论指导下，知识共享被认为存在一种可以设计控制的共同路径[80,107]（Bock&Kim，2002;Ford，2004）。激励理论的主要内容是关于如何采取一系列的措施以提高成员的积极性，在此理论指导下，知识共享被认为需要一定的诱因触发，这个诱因就是动机[15,62,91]Davenport&Prusak，1998；Hall，2001；Szulanski，2000）。这三种理论广为使用，有必要进行简单介绍。

（1）社会交换理论

20 世纪 60 年代，霍曼斯在吸收斯金纳心理学与政治经济学思想的基础上创立了社会交换理论[136]。实际上该理论可以分解为六个定理：第一，成功定理。这一定理反映了人的动物性，即人的行为与得到的奖赏有关，某一行为的发生与否、发生的频繁程度与是否得到奖赏、得到奖赏的频率有关，二者成正比例关系。第二，激励定理。类似于反射定律，某人在过去受到某种激励（包括奖励、回报）时而采取一定的行为方式，那么在未来给予某种激励时，也会采取同样或差别不大的行为方式。第三，价值定理。这是与第二条定理对应的过程，即某种行为如果能给某人带来有价值的结果，那么此人就会有动力重复此种行为，如果某种行为能给某人带来不利的结果（负向价值），那么此人就会有动力避免此种行为，以实现价值的增长。第四种，剥夺满足定理。这与经济学中的边际效用递减效应类似，当某人经常获得某种奖励时，那么此奖励增加带来的满足感或者说价值就会逐渐减少，奖励越多，新增加的奖励带来的激励效应也会递减。第五，攻击认同定理。这个定理有两个方向，一是当某人的行为没有受到奖励甚至带来惩罚时，他有可能会因心理不适而出现攻击性行为，以表达他的不满、愤怒之情；二是当某人的行为带来了预期的回报，甚至于不被允许的行为没有被惩戒时，此人会变得心情愉悦，下一步采取带来回报的行为，或避免错误行为再次发生。第六，理性定理。这个定理是指，个人不是一味地追求激励，还会权衡预期价值与行为成功可能性之间的比例关系，人们倾向于选择成功可能性大，而预期价值也会相应变大的行为。

之后，学者布劳又发展了霍曼斯的社会交换理论，特别是对社会交换回报和交换方式做了详细解释，并把回报分为外部回报和内部回报[137]。内部回报是指社交行为自身带来的回报，如愉悦感、他人认同、视野扩大等；而外部回报是社交行为之外的回报，如钱财、物品、帮助等。在此基础上，社会交换可以分为三种类型：外部回报型、内部回报型以及混合型。愿意参加内部回报型社会交换的个人重视交换行为本身带来的享受；而参加外部回报型社会交换的个人重视由此带来的其他好处，他们往往有明确的交换对象和标准；而混合型社会交换参加者则兼顾了两种回报。

在市场经济社会中，人们的行为的确符合社会交换理论的描述，因而该理论被用来解释很多具有交换性特征的组织与个体行为。学者Kankanhalli et al.（2005）和 Bock et al.（2005）就认为知识共享在大多数社会情境里都属于交换行为[11,81]，理由如下：第一，知识往往难以象其他商品那样可以精确定价并且会受经济规律的制约；第二，隐性知识使得共享行为变得难以监控与衡量；第三，组织成员参加知识共享行动也往往为了获得一定的利益，包括物质性利益和非物质性利益。因此，研究知识共享时可以运用社会交换理论的分析范式。

（2）计划行为理论

Ajzen（1991）提出了计划行为理论[29]，认为人的行为是经过计划和权衡的，包括以下主要内容：第一，条件完全自主可控的情况下，人的行为决定于意志，但大多情况下人的行为并非完全自主控制，除自身意志外，外部机会、个人能力大小、可调度的资源支持等也会制约个人的行为方式。第二，精确的察觉行为控制可以用来反映实际控制条件的变化，因此察觉行为控制可以作为实际控制条件的测量指标，也可用来预测行为发生的概率，但准确性程度察觉的真实程度。第三，行为意向的三个直接前因变量是行为态度、主观规范以及察觉行为控制，积极的态度、感受到的规范压力大、察觉到的行为自控程度高就会导致行为意向概率高。第四，行为信念是行为意向的三个前因变量的认知基础，大量存在于个体头脑中，但在一定的社会情境中，只有少数才能被获取，即突显信念。第五，个人的自身特点及文化背景等特征会影响行为信念从而会影响行为态度、察觉行为控制以及主观规范，进而影响个人行为意向和相应的行为。第六，察觉行为控制、主观规范以及行为态度属于不同的概念，但他们的信念基础重合程度较高，因而又不能完全区分。

由此可以总结计划行为理论的逻辑链条：个体行为发生的概率与行为意向高度正相关，而行为不端意向受三个直接前因变量察觉行为控制、主观规范以及行为态度的影响，这从机制上解释了理性行为的产生原因。前述关于知识共享的文献显示，企业员工的知识共享行为部分是自发的，部分是计划行为。

（3）激励理论

激励措施广泛存在于各类组织中，目的是保证个体目标及行为、团队目标及行为与组织目标一致。在企业知识治理实践中，缺乏激励的个体、团队行为散乱无序、目标各异；但有激励而收效甚微的情况也不鲜见，这说明激励措施与个体、团队需求之间出现错位。因此，"如何依据不同个体的个性化需求定制与之匹配的激励措施，进而催化个体行为的发生"一直是激励理论发展的动力和研究重点。

激励理论诞生之初，学者们主要关心来自外部和环境的各种刺激。随着理论研究的深入和管理实践的反馈，学术界发现激励的来源既可能来自个体外部，包括组织及外界，也会源于个人内心。也即某人采取一定的行动可能是出自对行为本身的爱好或者受到外部因素的诱发。由此出发，学者 Porter 和 Lawler (1968) 提出了综合激励理论，涉及内生激励和外生激励的概念 [138]。内生激励是指个人并不追求行为以外的其他目标，行为本身就可带来满足，当然主要是精神性满足如成就感、效能感、自身价值感等；外生激励则是指物质方面的，行为自身之外的满足，包括金钱、物品、各种福利、升职等好处。

由上述激励理论综述可知，不论是外生激励还是内生激励都会对个体行为产生影响；本书研究激励措施对知识共享行为的影响，更多侧重于内生激励、同时兼顾外生激励。因为，本书中目标取向更多的是个人自身的特征，与外部因素关系不大，当然目标取向作用于知识共享的过程中，会有其他变量发挥作用，其他变量就属于外部激励，可能会调节内生激励的作用。

2.2.5 小结

以上关于知识共享的文献综述中，学术界对知识共享的含义、产生原

理以及影响因素进行了长期广泛的研究，研究结果在知识治理实践中也
发挥了重要作用，但离完备的理论架构还有一定的距离，主要表现在：

（1）结果变量的混淆。部分学者在研究知识共享变量关系时，将知识
共享意愿当作结果变量，意即若有共享意愿，则就会产生知识共享，若
没有共享意愿，就不会产生知识共享，若共享意愿高（或低），则知识共
享产生的就多（或少）。但知识治理实践中，知识的共享行为与共享意愿
还是存在明显的差距，有意愿而不能共享的情况比比皆是，因为知识共
享不是单方面行为，需要双方或多方的沟通配合，以及组织的支持。研
究中将共享意愿当作结果变量，可能是为了数据收集的方便，并且共享
意愿确实与共享行为正向相关，但充分性尚未有数据说明。

（2）在知识共享影响因素方面，激励作为促进个体、团队知识共享的
有效措施已取得学术界的共识，并且学者们对激励能提升知识共享的常
理进行了分析。但已有研究并未揭示组织激励在知识共享过程发生过程
的机理，也没有回答"在不同的情境下，组织应如何采取有效的激励措
施"，所以应用现有研究结论指导知识治理实践时会碰到令人困惑的难题，
比如"有激励而无共享"。同时，研究中更多的是将外生性的激励措施比
如金钱、地位等当作前因变量，而忽视了内生性激励措施如目标取向等
作为前因变量的影响作用。而知识治理实践与零星的研究结果都表明，
内生性激励对于个体行为的激励作用更持久、更可靠[139](Deci, 1976)。所
以有必要对内外生激励措施产生作用的不同机理研究清楚，并且要解决
企业知识治理实践中不同情境对应的激励措施，同时不能局限于个人层
次上的激励，团队层次也需要考虑。

（3）在知识的属性与知识共享的关系研究方面，为数甚多的研究将知

识的属性作为知识共享的重要影响因素，但对知识属性的界定并不明晰，且主要涉及知识的自然属性，如隐性程度、社会系统嵌入性、模糊性以及复杂性等，研究结论还比较简单，变量衡量还不一致，难以形成影响力，对知识治理实践指导也不足。而知识的社会属性也显示了一定的影响作用，主要是指感知的所有权归属，但现有研究刚刚开始关注，作用机制、作用程度尚未有结论。后来的研究应该为知识的两类属性建立同等地位的研究结构，形成知识属性影响知识共享的完备理论框架。

（4）学术界对于知识共享的研究大多从知识属性、共享主体特质、组织特点等多个方面、多个层次进行了大量分析，但现有研究结论并未包含不同因素、不同层次之间的相互关系。但在知识治理的企业实践中，各影响因素并非静态孤立地发挥作用，而是相互交织在多个层次上共同影响知识共享行为。并且企业知识治理具有明显的层次性特征，只停留在某一层次而忽视了其他层次的交互影响会得出并不稳健的结论，也看不清知识共享发生机制的全部。后来的研究还要综合跨学科的经济学、社会学以及组织行为学的相关理论，全面深入地分析知识共享如何在不同层次上受不同因素影响的。

2.3 目标取向理论

成就动机在社会中无处不在。组织和个人试图通过各种方式提高自己的效率和能力[140]（Locke&Latham，1990），成就动机理论被用来解释这一现象。在成就动机理论中，有两种被广泛认可的动机类型：回避动机和倾向动机。个体的行为方式或倾向在现实中表现迥异，往往因为是受不同类型动机的驱动。在对内生性动机产生原因的研究中，目标取向理论应运而生。"目标取向"这一概念诞生于 20 世纪 70 年代，在组织心理学领域引发了学者们的极大关注，并且在组织行为学领域和管理学领域也得到迅速的应用拓展，并获得相当可观的研究成果，成为成就动机理论的重要组成部分。

2.3.1 目标取向的含义及结构

学者 Eison 把早期的目标取向作为一个独立的构念并使之具有可操作性，他发现有的学生倾向于学习新的知识 [141]，有的倾向于取得好的成绩（高分），他对这两类学生的行为目标倾向进行了分类界定，第一种看重新知识的行为目标广方式，称为学习取向，第二种看重分数高低的行为目标方式，称为分数取向，同时开发了用以测量学习取向和分数取向强度的量表，并于 1982 年对量表进行了优化 [142]（Eison，Pollio&Milton，1982）。

然而，学术界对目标取向的含义和心理本质尚未达成共识。许多学者对目标取向的内涵进行了解释。以下是对各个时期学者代表性观点的简单收集和汇总，如表 2.9 所示。

表 2.9 显示，学术界对目标取向的内涵和定义大致可以分为两类。一种观点认为，目标取向具有相对稳定的特征。由于目标取向是人格特征中的一种倾向性，在人格相对稳定的同时，目标取向也相对稳定。另一种观点认为，目标取向是基于实验情境的目标状态，会受到所承担任务

的影响。对于同一个体，任务情境的变化会导致目标取向的变化，因此目标取向不可能是相对稳定的[143,144]。学者 Misehel 和 Shoda（1995）、Payne et al.(2007）研究认为相对稳定的特征目标会直接影响状态目标。根据本书的研究目的，拟采用学者 Hirst et al.（2009）在工作情境中定义的目标定向，即目标取向是个体在自我发展信念的控制下，对工作任务（环境）理解、承诺并为之努力的一种状态程度[145]。

表 2.9 不同学者目标取向的含义及主要内容

含义	内容要点	学者（时间）
个体关于偏好的特质	基于成功认知和特定情境下的目标设定以及能力显示方式	Nicholls (1976)[146]
对待学习任务的潜在态度	强调班级背景和学习任务	Eison (1979)[141]
个体追求成功、避免失败的、心理机制	基于智力观点的目标选择	Dweck & Elliott (1983)[147]
特定情境下的目标状态	强调与当前的任务或情境相匹配的共生性	Steven & Gist (1997)[148]
个体表现出的情境性特征	与个性特征相似，具有稳定性	Colquitt & Simmering (1998)[149]
短暂的、临时的目标状态	强调该状态是实验条件所引发	Steele et al.(2000)[150]
个体对于成功的反应	稳定认知下的行为选择	Spinath & Stiensmeier (2003)[151]

随着认识的不断加深，学者们发现目标取向可能含有多个维度的组成类属，而不是一个单维的构念。最初学者们认为目标取向是一个具有两极化现象的单维构念，即某个体如果在一侧目标取向上测量值较高，

在另一侧目标取向上测量值就会较低，但不可能同时在两侧目标取向上都会有较高或较低的测量值。后来，研究人员对这一假设提出质疑，并编制了独立学习目标定向量表和绩效目标定向量表[152]。学者 Button 等（1996）指出，个体可以同时具有多个且相互竞争的目标，他们研究证实了个体可以有比竞争对手更高的目标取向，同时在竞争中也提高了自己的学习目标取向，因此，个体可能在学习目标取向和绩效目标取向同时获得更高的分数，目标取向是一个二维结构的概念[152]。

此外，学者 VandeWalle（1997）对绩效目标取向进行了细分，构建了三维度的目标取向结构模型。他的解释为，绩效目标取向应该是一个多维度的构念，因为绩效的内涵里本身就包括回避不良评价和获得良好评价两种导向，细分后的绩效目标取向可以分为达成绩效目标和回避绩效目标，前者注重优势的显现和得到正面的评价，后者重视隐藏不足，避免招致负面的评价。学者 VandeWalle（1997）实证研究后认为，三维结构模型的解释力大于二维结构因素模。其他类似研究也均认可三维度结构模型，如学者 Elliott（1994）提出了一个有名的成就目标框架模型，将绩效目标取向分为定向目标和回避目标，其含义分别与接近目标和回避目标的含义相似。同时，证明了这两种目标取向的前因变量和结果也是不同的[155]。三维的目标取向结构在随后的实证研究中得到了广泛的应用。本书将使用此模型进行探讨。

也有一些学者对目标取向的结构进行了深入研究，提出了新的观点，如"2+2 型"的目标取向结构。学者 Elliott 和 MeGregor（2001）、Conroy et al.（2003）以及 VanYperen（2006）认为可以模仿绩效目标取向的结构划分，区分学习目标取向中的接近目标和回避目标，形成目标取向的 2+2 框架，即学习接近目标、学习回避目标，绩向接近绩效和绩效回避目标[155-157]。虽然这一划分方式还没有在更大的范围内得到验证，其量表也仅仅局限于特定的领域，但其划分逻辑还是具备了一定的内在合理性，未来有望成为目标取向理论的新主线。

2.3.2 目标取向的研究脉络

20 世纪 70 年代，在教育心理学领域的研究中，为了运用成就动机理论来解释同一班级学生表现出不同目标偏好的现象，目标取向这一概念应运而生[141]（Eison，1979）。之后，学术界关注到目标取向概念，并应用于其他领域。学者们研究目标取向的角度主要有两种：情境角度和个人动机角度，其理论基础大致可分为社会参照、社会认知两大类，接下来将从此两方面回顾目标取向的研究脉络。

学者 Dweck、Pintrich 等从个体动机的角度进行了研究，旨在构建围绕成就目标展开的成就动机理论框架。这一研究角度的主要假设在于，个体的成就目标是驱动他付诸行动、完成任务的真正动力。虽然已有研究的结论还没有达到非常充分完整的程度，但结果基本上验证了不同目标取向与相应结果之间的对应关系。此外，Butler（1987）和 Ames（1992）从情境的角度对目标取向进行了研究[158]。他们关注具体情境下的目标结构对个体成就动机产生的影响，试图发现与行为结果密切相关的情境因素，从而在应用于管理实践时，通过改变情境条件而达到组织目标[159]。国内学者大多从个体动机的角度将目标取向视为稳定的个体特征[160]（彭钦芳和李小文，2004）。个别研究还从情境的角度探索了环境因素对个体目标取向的影响。例如，中国学者李晓东等（2003）以班级学生为研究对象，实证发现课堂目标结构的设置能显著预测班级学生的目标取向以及后续学习行为[161]。

学者 Nicholls（1975）等人以社会参照为研究重点，运用成就动机理论来解释学生的目标设立差异，发现在同等的条件下，部分学生设立的目标更高，部分学生设定的目标更容易实现，有些学生为了表明他们与众不同[146]。Nicholls 认为，造成这种目标设立差异的主要原因在于不同学生对成功的理解和参照对象不同。从社会参照的角度看，根据参照对象的不同，任务参与可分为两种模式：一种是任务中心式，即个体只以任务完成状况为中心，在任务完成的过程中不断地与自己过去取得的成就进行比较；另一种是自我中心式，即个体更加关注自己，不断地将自己的成就与他人的成就进行比较，从而产生两种不同的目标取向。从比较和参照的角度，对成就动机中目标取向的形成过程进行了大量的实证研究，获得大量成果，成为目标取向研究的新领域（Kozlowski&Bell，2006；Davis，Mero&Goodman，2007）。

学者 Dweck、Elliott 等沿着社会认知这条脉络展开探索。在研究学生如何展示和提升他们的处理能力时，Dweck（1975）等人发现了一个有趣的现象：即解决问题能力强的学生在碰到失败或困难时，往往对面临的任务或自身能力产生负面评价，其应对方式显得随意和不适应，甚至会逐渐发展成一种无助的感觉[164]。从发展的角度来看，Dweck 认为学生倾向于设立学习目标或绩效目标。然后，Dweck（1988）运用社会认知理论的框架来解释这一现象，认为个体的社会认知程度和所持信念是影响目标设立的重要因素，建立了由于个体对智力感知的差异而导致目标取向不同的深层原因，有人认为智力是与生俱来的，而不能做出改变，同时也有人认为智力可以通过努力来提高[19]。认为智力恒定的个体更倾向于设立绩效目标取向，而认为智力可变的个体更倾向于设立学习目标定向[165]。基于 Dweck 等人的结论，其他研究人员也做了大量工作来充实这一理论[166]（Payne，Satoris&Youngcourt，2007）。

文献分析显示，尽管两条研究脉络的理论框架基础不同，但都是与成就动机理论提出的成功取向、避免失败取向有关，讨论了两种取向的生成机制，对于目标取向的内涵界定和分类也有相同之处，并且两方都认为个体不能同时高水平地接近两种目标取向。两种角度的理论各有大量的实证研究支持，学术影响大体相当。

2.3.3 目标取向的分析层次

从目标取向构念的产生和传播来看，早期的研究层次以个体水平为主，后来由于内涵的扩大，人际层次和团队层次的目标开始受到关注。

由上述综述资料可知，最初的目标取向概念主要用来衡量个体态度积极或消极的程度，分析层面主要是在个体层面。虽然从不同的角度获得了大量的研究成果，但仍然很难得出有力的结论[167]（Roeser，2004）。例如，当使用个体层次分析的结果分析情境目标取向结构的影响时，会出现无人不解的困惑。学者 Midgley（2001）也发现，在有些实证分析中，目标取向与结果之间的关系出现了波动甚至冲突，因为这些研究大多是在个体层次上进行的[168]。因此，有必要展开不同层次的分析，关注更高层次上的情境目标取向结构，如团队或班级层次的目标定位。学者 Midgley 进一步指出，更高层次上的目标取向，如团队、班级目标取向，是通过任务指派、集体指导和评估程序来体现的，因此更具有现实意义。

学者 Lau 和 Nie（2008）也认为，个体层面的研究很难解释情境层面的影响，情境层面的研究应该反映团队、班级的集体行为特点，因为任何单一层次的研究都有可能忽略其他层次的影响，从而出现难以解释的结果。如果考虑到情境目标结构的影响，构念应该在班级层面而不是个人层面。在此基础上，分析了从个体目标取向到班级目标取向的个体情境跨层效应[169]。

关于团队层次的目标取向，还处于探索研究的初期，文献资料还不太多，许多问题未被探及。学者 Bunderson 和 Sutcliffe(2003) 认为团队目标取向与团队氛围类似，是每个团队成员对团队目标的共同意识[170]。学者 DeShon(2004) 等研究发现团队成员关于团队共同追求目标的意识引发了团队目标取向状态特征[171]。因此，团队目标取向概念的基础是共同的意识。当团队成员从环境线索中得知旨在规范和调整所有人行为的信息后，逐渐形成个人心理氛围，然后互相沟通强化，从而构成包含团队目标偏好的团队心理氛围，进而产生了团队目标取向。

2.3.4 目标取向的影响因素

从上述关于目标取向研究角度的文献回顾中可以发现，由于理论角度不同，对目标取向的影响因素会也产生了两种不同的观点，一种观点认为目标取向是人格特质所决定的，内在动机包括目标取向是人格特征的组成部分。第二种观点则认为目标取向是环境因素的产物，是个体在特殊情境下的反映。下面将回顾影响目标取向设立的两个前因要素。

个体特质类的影响因素，以往的研究主要集中在五大人格、成就需要、自我效能感和自尊上。学者 Dweck（1988）在其早期研究中讨论了认知能力和信心作为影响变量，但结果表明这些变量对目标定向没有显著影响。后来，Elliott（1996）等人发现自我能力知觉对目标取向设置有很大的影响[19]。能力知觉高的人倾向于验证自己的能力，从而对设定接近目标取向，而能力知觉低的人倾向于设定目标回避取向[172]。然而，学者 Dweck 认为能力知觉水平的差异并不显著，因此他不同意能力知觉对目标取向设置的影响[173]。在其他研究中，大五人格模型中的责任感和外向性被认为反映了成就动机的某个方面，这是目标取向设定的重要依据（Hough，1992）。因此，大五人格对目标取向具有一定的预测作用。其次，有学者认为自尊反映了个体对自我价值及自我重要性的判断，目标的实现能够有效地提高自尊水平[173]。因此，实现目标叠加自尊的交互互作用会影响目标的设立。最后，自我效能感与对待能力的态度之间存在着显著的关联性：认为能力固定不变的个人，自我效能感相对较低，认为能力可训练可提高的个人，自我效能感较高[174]。因此，自我效能感与目标定向的设立显著相关（Kanfer，1990）。

情境条件及具体特征是目标取向的另一类影响因素，从上述文献分析可以看到，目标取向与任务、环境状态有关并具有情境性特征，但研究较少。学者 Spinath 等（2003）研究发现，过于困难的目标及完成时间限制会让个体错误地认为努力是无效的，容易在不去尝试的情况下就选择放弃[175]。同理，过于复杂的工作也会降低个体对工作结果的预期，从而降低对目标取向的设立[176] (Yeo, Loft, Kiewitz & Xiao, 2009)。

在团队层次上，由于氛围是解释团队目标取向设立的重要变量，而氛围又与环境因素密切相关，在逻辑上推理，情境因素是影响团队层次目标取向设立定的重要变量。在学者 Deshon(2004) 等构建的跨层次模型中，情境性因素如"反馈"对团队、个人两个层次目标的自我调节作用都有影响，并进而影响个体和团队的注意力分配[171]。学者 Dragoni(2005) 则从团队互动过程的角度分析了团队目标取向的设立，发现团队氛围意识以及团队领导行为是团队目标取向形成的最重要情境影响因素[177]，并构建了如下团队目标取向形成过程模型，见图 2.2 所示。

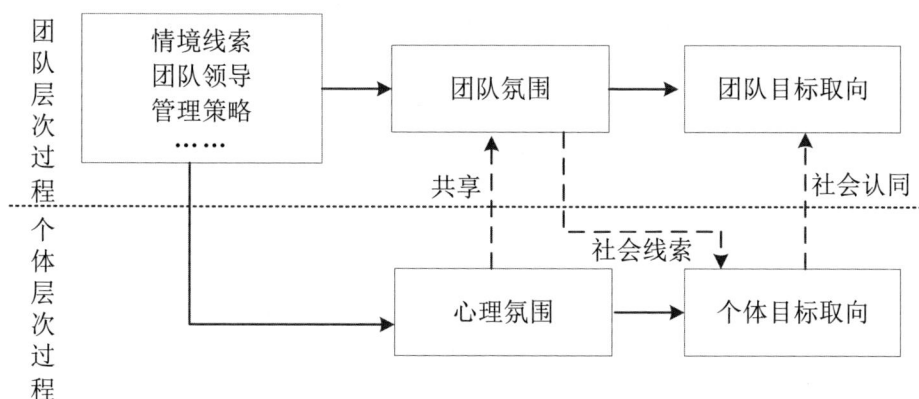

图 2.2　Dragoni(2005) 的研究推论整理

图 2.2 清晰地展示了团队目标取向的形成过程和影响因素，经过流程图中前面的机制，虽然有多条路径影响团队目标定向设置，但来源是情境线索，而情境线索团队目标取向是形成的主要影响因素，它不仅推动甚至决定了团队氛围的状态。团队氛围一定程度成为团队成员的个人目标取向设立的社会参照和提示，个人为了和内部环境保持和谐关系，与团队氛围保持一致能成为必然选择[178]（ Schneider， 1975 ），虽然团队成员有着各自不同的目标取向，但在社会认同的内在驱动下，成员目标在团队层面汇聚趋同，从而形成了团队层次的目标取向。Dragoni（ 2005 ）进一步指出，在这个逻辑关系中，团队目标取向在一定程度上通过团队

目标偏好的氛围体现[177]。

2.3.5 目标取向的结果变量

Payne et al.（2007）指出，现有文献不仅涉及目标取向的直接结果研究[179]，而且还探讨了不同目标取向引起的绩效差异。直接结果多为情感体验和行动，而绩效结果则包括学习绩效、任务绩效、适应性以及创造性等表现。

学者 Cron et al.（2002）等通过实验方法对目标取向与不良情绪体验的关系进行了研究，在设置负向反馈的实验条件下，发现绩效回避目标取向能有效预测不良情绪体验（如挫折感、无助感和不自信），会影响下一个目标设置的高低，并且不良情绪还有积累和自我放大效应，但这种关系在接近绩效目标取向和情绪体验之间并不显著[180]。幸运的是，学习目标取向可以缓冲不良情绪，并逐渐降低不良情绪出现的水平。同时，在学者 Elliott 和 Church（1997）的研究结论中，绩效接近目标取向和绩效回避目标取向倾向于产生高程度的焦虑，而高水平的学习目标取向往往伴随着低程度的焦虑[181]。

梳理文献研究成果发现，学习目标取向与积极的行为相关，而绩效目标取向与消极行为相关。目标取向结果变量可归纳为三个：学习策略、目标设置以及反馈寻求。有学者认为，具有高学习目标取向的个人往往喜欢设立较高难度的目标，绩效接近目标取向也与高水平目标设立相关，但具有绩效回避目标取向的个体往往设置低水平的目标[182](Chen et al., 2000)。其次，不少研究结果表明：具有学习目标取向个体的学习策略相对于具有绩效目标取向的个体的学习策略更为有效。具有高水平学习目标取向的个体可以正向预测深层认知和元认知策略，而接近绩效目标取向可以正向预测表层认知策略，回避绩效目标取向能负向预测深层认知策略。再次，学者 Bulter(1993) 实验研究发现，大学生目标取向对反馈寻求的方式有决定性的影响，任务中心目标取向的个体更多地运用参照性信息以及任务信息反馈，而自我中心目标取向的个体则较少运用[183]。学者 VandeWalle 和 Cummings(1997) 的研究结果则进一步印证了上述变量关系：绩效目标取向与反馈寻求之间呈负向相关关系，而学习目标取向与反馈寻求正相关，学习目标取向水平越高，个体寻求反馈的可能性就越高[184]。

　　众多学者开始研究目标取向与绩效的关系，并取得一定成果。学者 Farrell 和 Dweck(1985) 研究发现，持有学习目标取向的学生不管是在学业成绩方面还是临时性任务绩效方面都要优于持有绩效目标取向的学生[185]。学业成绩不仅能反映学生完成与学习相关任务的能力，也能反映他们在难题解决、时间管理、交流沟通等方面的适应能力。学习目标取向可以让持有者有快速适应能力，容易引发自我调节行为[186](sujan,weitz & kumar,1994)，而绩效取向者的注意力容易转移，限制了高效的产出[187](Kanfer & Ackerman,1996)。学者 Hirst 和 Zhou(2009) 的研究验证了上述目标取向与适应性之间的正向关系，研究在个体情境互动理论的框架内，通过构建多次线性模型分析数据，结论是目标取向对个体创造性存在显著正向影响，而创造性是个体适应环境的特征性基础，可以一定程度上代替适应性[188]。文献显示多数研究结果支持学习目标取向与绩效正向相关关系，但绩效目标取向与结果变量的关系不确定。学者 Payne et al.(2007) 在元分析之后发现，尽管关于绩效接近目标取向与工作绩效关系的研究结论尚存分歧，但绩效接近目标取向对绩效的影响总体呈正向 [144]。学者 Porath 和 Bateman(2006) 发现持有绩效接近目标取向的个体能更高效地完成销售任务，销售绩效与绩效接近目标取向正相关 [189]。

2.3.6 小结

通过目标取向研究的相关文献，可以得到如下启示：目标取向的演进路径可以分为五条，第一，目标取向的研究角度从以个体特征为主，逐渐转向关注情境特征，并开始结合个体、情境两个方面的特征，解释了目标取向与绩效关系的产生机制；第二，分析层次逐渐从单一层次分析，上升到多层次、跨层次分析，试图将跨层效应从嵌套结构中分离出来；第三，研究重点从最初的解释现象逐渐转向揭示内部动机及其深层原因；第四，研究对象也从以学生为主，逐渐扩展到各种社会组织成员；第五、研究方法也从以实验和准实验为主，发展到实验、调查结合使用，从而使目标取向的含义更加完整，构念的内外效度也得到了提高。虽然相关研究已经取得了很大的进展，但仍有需要厘清的地方。

首先，根据文献分析，相关研究主要集中在个体层面，而对团队或组织层面的研究较少。尽管学者 Deshon 早在 20 世纪 90 年代就指出，个体目标取向的特征可以从团队层面聚合起来，形成包含群体目标取向特征的构念。但在 2000 年之前并未有学者进行团队层次的相关研究。学者 Bunderson 和 Sutcliffe（2003）甚至断言，在更高的层次水平上，如社区层面和组织层面对目标取向的研究，能够更好地反映不同组织或社区的目标取向特征，可能成为一种具有相当学术价值的构念 [170]。团队形式的员工任务完成组织普遍存在，而目标取向变量作为团队特征的重要体现，未来在团队层次加强研究显得意义重大。

其次，情境线索与目标取向的关系机制还有待进一步研究。上述分析可知，对影响目标取向形成的情境性因素的探讨还不够系统和深入。情境线索除了团队领导、管理策略等，还要考虑过往绩效、创造力等。学者卫旭华和刘咏梅（2014）研究认为团队往期绩效往往会形成一种制约当前决策与行动的心理氛围情境，进而影响团队交互进程，最终降低团队效能感[190]。另外，体现工作团队状态特征的团队目标取向变量在情境条件下的形成机制，也是一个尚未完全揭示的问题，而厘清团队目标取向的形成机制是完善成就理论的先决性条件。所以，进一步揭示团队目标取向在特定条件下的形成过程，研究情境性因素影响团队目标取向的内在作用机制，是丰富发展目标取向理论体系的重要方向。

2.4 以往研究述评

2.4.1 以往相关研究取得的进展

通过对相关文献资料的回顾与梳理，发现国内外关于目标取向、知识共享及其关系的研究多在管理学、经济学、心理科学或社会学等学科领域内展开实证研究或实验研究，并得出有价值的结论，为深入研究本书奠定了理论基础与依据。目标取向理论作为成就动机理论的重要分支，代表团队成员关于目标倾向的共同感知，反映了其自我发展、能力提高、证明自己抑或规避风险的倾向，会对个体和团队行为产生影响。目前国内关于目标取向与知识共享研究偏少，但也零零星星从不同角度，开展了实证研究，为本书的研究思路提供了数据支持。综上所述，目前与本书相关的研究进展主要分布在以下四个方面：

（1）组织行为学的多层次理论[191](Klein & Dansereau, 1994)和知识共享发生在多个层次上[16](Ipe, 2003)，为本书探讨目标取向与知识共享的多层次影响关系奠定了理论基础。Ipe(2003)提出的知识共享的多层次影响模型为本书目标取向与知识共享的多层次影响关系奠定了理论基础[16]。跨层次的知识共享模型认为：其一，知识共享行为不仅仅发生在个体之间，而且还会在团队、组织等层次上发生；且高于个体层次的知识共享还需要个体知识共享的参与；另一方面，知识共享不仅仅受特征（个体、团队或组织）、文化（组织）、动机等不同层次因素的影响。而目标取向因其注重知识和技能的获取、关注能力发展及避免负面评价[153](VandeWalle, 1997)，从而与自主性动机紧密相关，并且自主性动机更能有效地预测行为和态度[192](Gagné & Deci, 2005)；这为本书引入目标取向提供了理论依据。同时，形成于组织行为学领域的多层次理论有这样的观点，即个体行为除了与个体特征高度相关外，还会受到团队层次因素的影响；并且，还会受到来自团队的情境因素（团队倾向、团队任务等）与组织层面因素（环境动态性、组织战略）的影响。同时，该模型还勾勒了各情境因素和影响因素之间的跨层影响路径，构成了完整的知识共享多层次影响因素概念模型。这为本书引入多层次分析方法提供了理论支持(Klein & Dansereau, 1994)。

（2）目标取向与知识共享关系研究已初成体系。知识共享是学术界和实践界关注的焦点之一，学者们从目标取向的角度出发，对知识共享的影响进行了研究。国内外学者在目标取向与知识共享的关系研究这一领域进行了开拓，并对目标取向影响知识共享的过程、情境等进行了有意义的探索和解释，这为本书深入研究目标取向与知识共享的跨层关系提供了理论依据。

（3）团队心理安全所构建的团队过程和情境已作为研究的重点议题，存在理论依据。国内外文献认为团队心理安全描述了以人际信任和相互尊重为特征的一种团队氛围，会对团队学习、团队绩效、团队创新产生积极的影响 (Edmonson, 1999)，而知识共享是学习的主要表现形式。可以推理，团队心理安全会影响团队知识共享。团队心理与目标取向的结合研究中，目标取向理论被逐渐用于解释个人心理气氛和工作团队氛围的形成，而团队氛围通过规则信息、成员互动有利于团队中的所有成员形成对团队目标的共同意识，从而触发团队成员对任务、目标等的反思，进而推动知识共享。基于此，本书将团队心理安全引入目标取向与知识共享的关系。

（4）目标取向具有相对不稳定性和动态性[144](Payne, Youngcourt & Beautbieu, 2007)，而且知识共享发生在团队中，会随时间、情境和任务等的影响而发生变化[16](Ipe, 2003)，这为我们揭示目标取向与知识共享的动态演化关系提供了令人信服的依据。关于目标取向与知识共享的相关研究仅从静态角度探讨两者之间的关系，而忽略了两者之间的动态关系。同时，ASD 动态分析框架为本书提供了研究方法。

2.4.2 以往相关研究的不足和有待解决的问题

某一议题在研究取得进展的同时，都会或多或少地留有一些不足之处，也会发现一些需要解决的新问题，这需要在深入探讨的基础上，提供更为可信的解释。通过对国内外文献的总结，目前关于目标取向与知识共享关系研究的局限性或不足之处主要有在以下几个方面：

（1）有关目标取向的研究主要聚焦教育学领域，因此，在管理学领域的研究相对较少，且研究成果相对分散，主要集中于目标取向与知识分享、创新绩效、创新行为、自我效能等的过程研究。与国外相比，国内的研究却处于后发状态。现有的研究集中在目标取向与团队反思、创新绩效、创新行为等关系方面，而对与知识共享的关系研究却偏少。因此，本书基于已有研究成果，探讨目标取向与知识共享的关系，丰富和拓展目标取向与知识共享的关系研究。

（2）目标取向的三种模式与知识共享的关系并不明晰，从而影响目标取向与知识共享关系的系统性分析。一方面，虽然已有研究认可学习目标取向会对知识共享产生积极的影响，但是有研究认为学习目标取向与知识共享之间并不存在显著的关系；另一方面，已有研究未将绩效目标取向变量分解为绩效证明取向与绩效回避取向两个维度，分别探讨其对知识共享的不同影响。同时，关于目标取向与知识共享的已有研究较多基于某一层次进行，较少采用跨层次的方法探讨两者之间的影响关系。其中，虽然有的研究采用了跨层次方法探讨了目标取向与知识共享的关系研究，但是没有对个体目标取向和团队目标取向与知识共享的关系进行系统的多层次研究。因此，有必要在现有研究的基础上，深入挖掘这些未知与还不够明确的研究内容以形成规律性的结论。

（3）目标取向与知识共享的关系研究所采用的静态研究范式，无法验证目标取向与知识共享的因果关系及动态交互过程。这一方面由于缺少动态研究的理论指导，另一方面是由于多次数据收集难度较大，且环境动态性的加剧推动团队的变动，增加数据收集的难度。为此，本书基于ASD 动态分析框架，通过探索性案例研究，探讨目标取向与知识共享的动态演化关系。

2.5　研究小结

本章首先对目标取向与知识共享关系的相关文献梳理并予以归纳，包括知识共享的界定、影响因素及目标取向的相关研究。针对已有研究进行梳理总结，由此找到研究的切入点——从多个层次出发，探寻目标取向对知识共享的影响，作为本书的研究重点。目标取向影响知识共享的过程机制方面的研究较少，"基于目标取向角度，如何推动知识共享的提升"也需要明确回答。针对以上文献总结和本书的研究重点，本书拟以团队心理安全为研究角度，探讨其在目标取向与知识共享多层次影响关系间的不同行为效应。同时，鉴于静态研究无法有效揭示变量间的因果关系，因此，本书拟采用动态研究方法探讨目标取向与知识共享的动态演化关系研究。由此，需要对此次研究进行系统的设计，采用科学、合理、针对性强的研究方法，以解决理论问题，这将在第 3 章中进行详细介绍。

第3章 研究的理论框架与总体设计

研究设计直接关系到研究的成败，也决定了研究的质量，它将确定本书的框架和风格。第1章交代了研究背景，提出了研究问题，论述了研究目的和研究意义，第2章进行了各相关主题的文献回顾，本章确定本书的研究设计。本章回顾目标取向、知识共享的基础理论，关注目标取向对知识共享的多层次影响及动态演化关系。研究设计将确定相关理论基础、不同环节的研究方法、研究框架和结构安排并画出完整的技术路线图。由于本章涉及的内容在后面每一个主要研究中都会进行更为详细的论证，因此本章只作总体介绍。

3.1 研究的理论基础

本书的目的是在于探讨目标取向与知识共享的多层次影响及动态演化

关系，所遵循的研究思路是了解目标取向对知识共享的影响过程，经过系统性的研究讨论得出的结论。然而，目标取向与知识共享的相关研究较少，"特别是构建目标取向与知识共享的动态演化模型"也成为一项难题，探寻两者之间的多层次影响关系，构建两者动态演化模型都需要一定的理论基础作为支撑，而目标取向理论、特征激活理论及知识共享多层次模型等理论为难题的解决提供了线索。

3.1.1 相关理论基础

（1）目标取向理论

目标取向是在成就动机环境下成员的目标偏好[144,195]（Payne, Young-court & Beaubien, 2007；Button, Mathieu & Zajac, 1996），反映了反馈寻求、对挑战性任务响应情况的认知[196]（VandeWalle, Cron & Slocum, 2001）。其最重要的划分在于学习取向与绩效取向的并列[18]（Dweck, 1986）。学习目标取向聚焦于任务掌握，这表明要在不同的环境下寻求并坚持挑战，因为不同的环境比常规的工作环境提供更大机会。同时，失败所带来的风险对学习取向来讲并不是问题，反而会促进学习行为。相反，绩效取向关注比他人取得更高的绩效或者超出标准，这与其证明自身有关；失败所带来的风险会让其沮丧。VandeWalle(1997) 将目标取向划分为绩效证明取向与回避取向；绩效回避取向倾向于逃避证明自身能力或不利的外部评价，引导个体远离挑战；然而，证明取向则会引导成员将挑战看成一种机会以证明自身和获得良好的外部评价[153]。目标取向因其注重知识和技能的获取、关注能力发展及避免负面评价等内在动机，从而与知识共享产生的过程具有显著的相关性 (VandeWalle,1997)。

（2）特征激活理论

特征激活理论的主要观点为，虽然个体行为方式显著受到个人特征的影响，但个体的情境察觉会调节这种影响效果[197](Tett & Burnett, 2003)。情境是个人面临的环境因素的总和，根据其强度可以分为两种：强情境和弱情境，情境强度的强弱决定了个体所感知的期望行为具有多大程度的一致性[198,199](Beatty et al., 2001; Cooper & Withey, 2009)。强情境是指，在该情境下，对个体行为表现的要求或期望较为明确、具体、统一，个体据此做出的情境反应基本一致。而弱情境则是指，在该情境下，对个体行为并没有十分明确、具体的要求或期望，个体对情境的察觉与反应也各不相同。强情境会将个体的一些重要特征模糊化、隐形化，因而在行为方式表现出同质化的特点。由于组织中知识共享也符合根据特征激活理论的主要假设，在本书中引入组织情境，探讨其在不同层次上调节目标取向与知识共享关系的作用机制。

（3）多层次理论

在组织行为学领域，已有研究往往沿着两条路径进行：第一，遵从社会学的研究范式，以群体单位如企业、团队等作为考察对象，分析群体性输入、过程运行及结果产出的相关理论问题；第二，从心理学角度出发，研究个体特征、主观感知对行为倾向影响关系的问题。然而，组织本质上是一个多层次的嵌套系统。微观个体的知觉和行为反应嵌套在团队甚至更高层次的群体性互动过程中，并受高层次群体环境的影响；而群体特征往往是由较低层次的元素特征聚合而成，群体互动过程也会受到低层次中关键个体行为的影响[200](klein & kozlowski, 2000)。因此，如果研究者仅采用微观或宏观单一水平的考察通常无法准确、全面的揭示组织现象。持有微观观点的学者聚焦于个体层次，忽略了不同群体情境对个体行为的影响；而持有宏观观点的学者围绕组织特征形成理论模型，而又忽视了个体的行为对群体互动的影响，多层次理论融合了这两类观点。

（4）ASD 分析框架

学者 Schneider(1987) 在研究中首次提出了 ASA 模型，即"吸引→选择→退出"模型，认为单一的个体特征或环境条件都不能准确地解释个体态度或行为方式的变化，个体层次、环境层次的因素会对个体行为产生交互影响[201]。几年后，Woodman et al.(1993)、Edwards(1996) 等学者先后提出了体现个体与环境、情境互动关系的"人与环境匹配模型和"以及"人与情境互动"模型[202,203]。学者 Livingstone (1997) 接下来的实证研究进一步说明，人与环境的相互影响关系会对团队行为产生共同影响[204]。

在 ASA 模型的基础上，学者 Wang(2003) 为了研究管理胜任力问题，以动态追踪的形式构建了 ASD 理论模型，用于多阶段人事选拔的考核[205]。在该模型中，A，adaptation，意为适应性；S，selection，是指选择，D，development，意即发展。与此同时，作者认为，人事选拔是一个多阶段的操作过程，因而需要从动态探索三个阶段的演化关系，但是，此 ASD 模型主要针对人事选拔考核的实际操作步骤，所以在理论适用性方面有一定的局限。为了解决适用性难道，Wang 和 Zang(2005) 借鉴了生态系统中各个主体动态演化的研究成果，提出了更具理论推广性的 ASD 分析框架[206]。此 ASD 动态分析框架的主要内容是："适应→选择→发展"动态模型与生态系统中个体、环境之间的动态博弈、匹配过程高度吻合，且这一过程能够不断重复；起初，个体需要主动适应组织环境、情境（即A，adaption），同时，为了适应环境，个体需要选择适应性强的行为策略（即S，selection），才能获得进一步发展和提升（即D，development）；在获得了发展基础之后，个体能够展现出更为积极的适应状态（即A，adaption），且在实现第一阶段的适应（即A，adaption）前提下，个体还会重新审视人与环境的关系并做出下一步选择，呈现循环状态。由此分析可知，基于人与组织匹配角度的ASD动态分析框架为本书中目标取向与知识共享的动态演化关系提供可资借鉴的逻辑范式。

3.1.2 各理论基础之间的联系

在构建变量关系模型之前，根据研究内容分析各理论基础之间的联系与区别，将会有助于更好地理解各变量之间在不同层次上的内在作用机制。在本书中，三种基础理论各自关注目标取向、情境、知识共享等变量在不同层次上的联系和边界，它们之间并非互相排斥、否定的关系，而是相互补充、相互印证、共同服务研究主题的关系，支撑了本书的模型框架（参见图3.1）。

沿着本书的研究主线，各理论基础之间的关系包括：①目标取向理论引申出了目标取向与知识共享的影响关系研究，即"团队目标取向→团队心理安全→团队知识共享"；②目标取向与特征激活理论则引申出了团队心理安全调节"个体目标取向→个体知识共享"；③多层次理论整合了个体和团队层次的目标取向与知识共享（包括个体知识共享和团队知识共享）之间的关系。④ASD分析框架为"目标取向→中介要素→知识共享→下一循环"的动态演化结构提供了研究范式和依据。

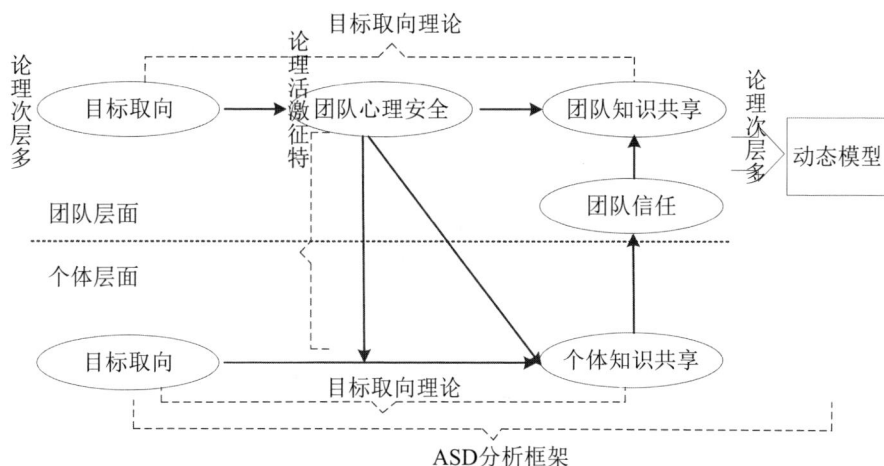

图 3.1 各理论基础之间的联系

3.2 基本概念的界定

（1）目标取向

成就动机理论将目标取向定义为影响个体对成就情境处理、理解及反应的激励性目标[19](Dweck & Leggett, 1988)。VandeWalle(1997) 将目标取向划分为学习目标取向和绩效目标取向，其中绩效目标取向又可划分为绩效证明目标取向及绩效回避目标取向[153]；学习目标取向个体关注自身能力的发展，容易形成对任务本身的内在兴趣；绩效证明取向鼓励个体寻找能够证明自身能力和获得良好外部评价的机会，而绩效回避取向恰恰相反，聚焦于如何逃避不良评价和失败。

（2）知识共享

综合文献资料，本书认为，知识共享是团队成员互相分享他们的知识，并共同创造新知识的过程[207](Hooff & Ridde, 2000)。团队知识共享是团队层次的复杂互动过程，是团队成员彼此通过反复、有效的交流沟通从而对技能、专业知识、经验、价值观、工作流程及人际网络等显性、隐性知识的分享，最终实现团队目标的一种行为[72](Senge, 1997)。

（3）团队心理安全

团队心理安全是指一种状态或信念，团队成员普遍认可，共同持有，这种信念或状态可使团队成员相信自己的一些利于团队但不一定利于他人的举动不会对团队内的人际关系产生伤害，也不必担心人际关系恶化的风险，从而能放心大胆地做出一些在缺乏团队心理安全条件时无法顺利做出的行为，比如说指出其他成员的错误等[194](Edmondson, 1999)。

（4）团队信任

团队信任是指团队成员对团队整体的信任，既包括团队成员对个体之间的信任又包括团队成员对团队整体的信任[208] (Moorman, DeshPande & Zaltman,1993)。

3.3 研究构思

本书以高新技术企业的研发团队为研究对象，从个体、团队两个层次水平出发，通过对已有研究的分析和归纳，结合四个基础理论，提出研究假设，并构建目标取向与知识共享的多层次影响模型；通过大样本的问卷调查，并应用 SPSS、AMOS 软件对其进行了相应的统计分析，如因子分析、信度分析、相关分析、效度分析、多层次线性分析等，对研究假设进行实证检验，并统计分析结果进行总结、讨论，进而归纳出目标取向角度的知识共享多层次及动态关系机制，可用于指导实践，也可供其他研究参考。

在多层次研究的基础上，基于 ASD 动态分析框架，通过选取中国一汽集团生产制造技术部门的三个团队的主管和成员进行深度访谈，按照逻辑关系、研究内容，进行探索性案例分析，以揭示目标取向与知识共享间的动态演化关系以及演化路径。本书的逻辑关系如表 3.1 所示。

表 3.1　本书的逻辑关系

研究问题	研究内容	研究方法	章节安排
问题 1：目标取向、知识共享二者关系研究进展—已有的理论成果和现实状况？	目标取向、知识共享、团队心理安全、多层次	文献分析、内容分析等	第 2、4 章
问题 2：不同目标取向与知识共享的关系如何？在不同层次上的表现如何？影响过程是怎样的？	同层次变量的相关性分析	验证性因子分析、信度、效度分析、相关性分析	第 4 章
	变量的跨层次效应分析	多层次分析等	
问题 3：目标取向与知识共享动态演化关系如何？	ASD 动态分析框架、目标取向与知识共享的动态演化结构	深度访谈、逻辑分析等	第 5 章

3.4 研究模型的整体框架

数字经济和"互联网＋"时代的快速发展，知识共享是推动个人、团队乃至组织持续发展的重要动力。同时，文献资料分析显示，目标取向比个体的认知能力和人格特征更能预测员工行为及其工作绩效[144](Payne, 2007)。由此推测，目标取向对个体在动态、复杂的情境中的态度和行为具有重要影响；且目标取向属于自主性动机，会对知识共享行为产生影响。此外，知识共享是一个动态过程。基于以上分析，本书主要探讨目标取向与知识共享的多层次影响及动态演化关系。

总体上看，本书拟解决的主要问题有两个：第一，在个体、团队层次上，目标取向与知识共享的关系如何？影响过程怎样？第二，目标取向与知识共享之间的动态演化结构形成机制如何？针对以上两个主要问题，本书拟定的整体研究框架如图 3.2 所示，可以分为两个子模块：

（1）目标取向与知识共享的多层次关系模型

由于以往研究大多仅从单一层次考察知识共享的影响因素，这就导致不同层次的影响因素之间的跨层次交互作用难以被发现，并最终影响到研究结论的稳健性。本书拟采用多层次研究方法，分别从个体和团队层次探讨目标取向对知识共享的影响关系；其中，主要研究问题包括：①个体和团队层次上，不同目标取向与知识共享的关系；②团队心理安全在团队目标取向与团队知识共享关系间起到中介作用，而在个体层面上，团队心理安全直接会对个体知识共享产生影响，且在个体目标取向与个体知识共享的关系间起到跨层次的调节作用；③探讨个体知识共享与团队知识共享的关系。

（2）目标取向与知识共享的动态演化关系

已有经验研究表明，目标取向与知识共享之间的静态研究无法准确描述两者之间的因果关系及动态演化规律。本书基于 ASD 动态分析框架，通过深度访谈，对目标取向与知识共享的动态演化关系进行探索性案例研究，以揭示目标取向与知识共享间的动态演化结构。

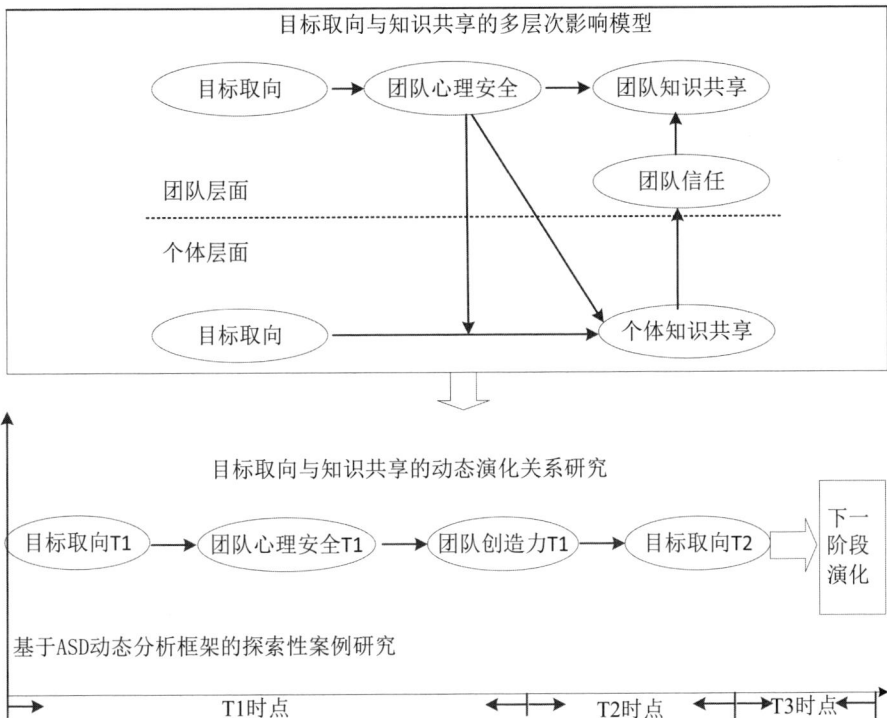

图 3.2　本书整体研究框架

3.5 研究小结

本章先对相关基础理论进行了回顾，然后梳理了各理论在研究框架中的作用及相互关系，这为下一步的概念模型构建打下基础。其次，本章对各个变量的概念进行了界定，在基础上，本章进行了研究构思设计，包括研究的问题、研究的内容、研究的方法及章节安排；最后，制定了研究模型的整体框架，在下面第 4 章、第 5 章将根据具体研究内容再详细介绍。

第 4 章 目标取向与知识共享的多层次影响模型构建及验证

4.1 引言

随着数字经济的飞速发展，知识的积累和创新成为组织进步的重要推动力，也是打造组织竞争优势主要方式[10](Wang & Noe, 2010)。近年来，实务界和理论界越来越关注如何增强组织中的知识共享[209](Kim & Lee, 2010)。目标取向因其注重知识和技能的获取、关注能力发展及避免负面评价[153](VandeWalle,1997)，是自主性动机与受控性动机的统一，从而与知识共享产生的动机过程具显著的相关性[210] (Kankanhalli, Lee & Lim, 2011)，而且已有研究集中于受控动机，忽视了自主性动机对知识共享的影响[211](Gagne, 2009)。近年来，尽管许多学者开始认识到知识共享应该是发生在不同层次上的，但先前大多数研究还是倾向于在同一个层次上研究知识共享[212](Alavi, Kayworth & Leidner, 2005)。本书拟从个体、团队两个层次考察目标取向对知识共享的影响作用：一方面，团队目标取向有益于团队主管及成员对团队整体学习、获得良好评价、超越其他团队或避免负面评价及工作失败的共同理解 [213](Gully & Phillips, 2005)，会影响团队的学习动机、成就态度及对不确定情境的反应 [214](DeShon & Gillespie, 2005)，因而有可能会影响团队知识共享；另一方面，将个体目标取向 [181,214](Elliot & Church, 1997; DeShon & Gillespie, 2005) 看作是一种激励导向，会影响个体的学习动机，因而推测会影响其知识共享。同时，知识共享的同时意味着时间消耗及掌握知识权力的丧失 [215](Kankanhalli et al., 2005)，因此，由动机激发知识共享的行为需要一定的心理过程，因此，本书将团队心理安全纳入该模型，探讨团队心理安全在不同层次目标取向与知识共享关系中的行为效应。

各个层次的知识共享都需要团队成员的参与 [216](Argote & Ingram, 2000)。且团队和组织的知识会受团队成员间知识共享程度的影响 [217,218](Cabrera & Cabrera, 2005; Tsoukas & Vladimirous, 2001)。由此可见，个体成员间知识共享的水平会对团队知识共享水平产生影响。因此，本章另一个研究目标是探讨个体间知识共享水平对团队知识共享水平的影响，以及两者是如何转化的。

本章的研究目的在于构建目标取向与知识共享之间的多层次影响模型，并通过对大样本调查数据的统计分析进行验证。其主要内容包括：个体层次"个体目标取向→个体知识共享"的关系验证；团队层次"团队目标取向→团队心理安全→团队知识共享"的关系验证；团队心理安全在个体层次影响关系中的跨层次调节作用；个体知识共享与团队知识共享的关系分析。

4.2 文献回顾与研究假设的提出

4.2.1 目标取向

学术界提出目标取向的概念，最初用来考查影响学生学习过程和结果的动机绩效作用过程，目标取向既可以作为相对稳定的特征变量，也可以作为随情境而变化的状态变量[144](Payne et al., 2007)。起初，研究者认为个体的成就目标取向可以分成两类：学习目标取向和绩效目标取向。VandeWalle (1997) 又进一步将目标取向划分为学习目标取向、证明目标取向与回避目标取向三个维度，形成了个体学习目标取向、个体绩效证明目标取向与个体绩效回避取向维度模型[153]。Porter(2005)、Bunderson(2003) 分别提出了团队层次上的目标取向概念，即团队目标取向，包括团队学习目标取向、团队证明目标取向与团队回避目标取向三个维度[219,220]。本书试图从团队与个体两个层次探讨目标取向对知识共享的多层次影响机制。

4.2.2 个体知识共享的多层次影响

早期关于知识共享的研究主要着眼于个体层次水平，探索人格特征、认知模式等个性化因素对知识共享的影响作用[221,222](Chiu, Hsu & Wang, 2006; Collins & Smith, 2006)。随着研究的深入，越来越多的研究者发现知识共享不仅存在单一层次水平的效应，而且还有跨层次的交互影响作用，比如团队中成员个体特征、团队整体特征、组织氛围等变量不仅能够单独直接地对个人、团队层次知识共享产生影响，而且还会互相交互地对个人、团队层次知识共享产生影响。学者 Wang 和 Noe (2011) 构建了一个横跨个体、团队、组织三个层次的知识共享理论模型，指出组织内的知识共享是个体、团队、组织环境之间复杂的层次内、层次间互动的结果[10]。其中，个体层次的影响因素包括个体的能力和特征、内在动机，如个体特征[223](Cabrera et al. 2006)、个体态度[107](Bock & Kim, 2002)、人际信任和公正[224](Wu et al., 2007) 等；团队层次的影响因素则包含激发、鼓励成员乐于分享知识的氛围、特征和过程系统，如团队多样化[225](Sawng et al. 2006)、团队特征[3](Bakker et al., 2006)、团队沟通系统[226](De Vries et al., 2006) 等；组织层次的影响因素包括组织文化和氛围[222](Collins & Smith, 2006)、管理支持[25](Lee et al.,2006)、社会网络[227](Cross & Cummings, 2004)、组织结构[209](Kim & Lee, 2006)、奖励和支持系统[210](Kankanhalli et al., 2005) 等。综上所述，个体知识共享不仅受其自身特征、动机的影响，还会受其所处的团队和组织情境的影响。基于此，本书提出如下假设：

H1：个体知识共享不仅受个体因素影响，而且还会受到团队因素的跨层次影响。

4.2.3 个体层次的目标取向与知识共享

学术界提出目标取向这一概念，主要用来考察学习者的学习动机与学习过程，早期研究者 (Dweck et al., 1986) 认为目标取向可以分解为学习目标取向与绩效目标取向两类，并认为持有不同目标取向的个体表现出差异性的动机和学习行为，前者较为看重技能掌握和能力增长，有强烈的学习动机和学习行为，而后者较为看重对他人的超越，可能对学习结果不利[18]。但学者 VandeWalle (1997) 指出，人们出会被各式各样的外部因素所激励，如接受奖励、得到认可、超越他人或回避批评；因此，绩效目标取向可以进一步细分为绩效证明目标取向和绩效回避目标取向两个维度；绩效证明目标取向是指力图证明自己的能力高于他人，而绩效回避目标取向则是指回避因绩效过低所带来的不良评价[153]。

个体目标取向集中包含了个体自我发展的信念、认识以及这种信、认知将如何引领其高效地融入所处环境，因此，个体目标取向既可以是特征变量，有相对稳定的测量值，也可以是状态变量，随着情境变化而变化[228](Borgatti & NetDraw,2002)。学者 Payne(2007) 通过元分析发现，目标取向比个体的认知能力与人格特征更能预测员工行为及其工作绩效[144]。由此可见，个体目标取向对个体在动态复杂的情境中的态度和行为具有重要影响。本书借鉴 VandeWalle 的三维度目标取向模型，分别探讨学习目标取向、绩效证明目标取向以及绩效回避目标取向与个体知识共享的关系。

首先，具有学习目标取向的个体不仅会对自身的能力发展和知识累积产生浓厚的兴趣，同时，还会带动其同事产生对技能和知识发展的兴趣[18,153] (Dweck,1986; Vandewalle, 1997)。知识共享是学习的前提条件[229] (Senge, 2006)，因此，知识共享融入个体的未来发展过程中。其次，学习目标取向与自我效能显著相关，从而影响个体对从事和掌握某种行为[230](Bell & Kozlowski, 2002)；如果个体了解自身的技能和知识（对自身知识的自我效能），他们可能会将知识与其他人共享[231](Hsu, Ju, Yen &

Chang, 2007)，即使知识共享的过程是困难的、冒险的及时间消耗的[232](Argote et al., 2000)。最后，就知识分享行为而言，具有学习取向的知识员工，也会积极向他人提出自己的想法和建议，因为员工通过知识分享可以与其他成员建立一种互惠关系[11](Kankanhalli et al., 2005)，这种互惠关系可以帮助其获取更有效的反馈和更多的知识。由文献和推论可知，个体学习目标取向会提升个体知识共享。为此本书提出以下假设：

H2a：个体学习目标取向与个体知识共享间具有显著的正相关关系。

其次，具有绩效目标取向的个人容易受到组织奖励、他人认可等外部因素的影响，希望通过业务绩效证明自己不同寻常。有学者认为绩效目标取向与个体知识共享间具有负相关关系[233](Mooradian et al., 2006)，但是，已有研究未将绩效取向划分为绩效证明取向与绩效回避取向，分别探讨其对知识共享的影响；这说明证明取向对个体知识共享的影响有待进一步揭示和验证。对个体知识共享而言，高证明取向的个体倾向于在同事和主管面前展示出优秀的工作表现，例如：提出新颖的想法、知识等，以获取主管和同事的好评。尽管证明取向的个体所表现出的能力、知识及其绩效未必能得到上级主管的肯定和认同，但这会从客观上推动个体知识共享。通过以上研究结果推理可知，个体绩效证明目标取向对个体知识共享有正向的促进作用。于是，本书提出如下假设：

H2b：个体证明目标取向与个体知识共享间具有显著的正相关关系。

再次，具有高回避目标取向的个人会认为，人的能力是固定不变的，不会因为学习、工作努力而得到提升，行动中碰到挫折、失败时会产生退缩行为。他们害怕接受挑战和新任务，害怕失败，甚至担心失败所带来的主管和同事对其的负面评价[152](Button, Mathicu & Zajac, 1996)。对个体知识共享而言，知识共享会损失其在企业中的知识地位，同时，知识共享具有时间消耗、效果迟延等特点[233](Mooradian et al., 2006)；这往往会造成知识共享发出者持有知识占有的心态，不太愿意与团队其他成员分享知识，一方面是为了避免显现其能力不足，另一方面是担心个人竞争力的丧失。通过上述研究成果推理可知，个体绩效回避目标取向对个体知识共享有负向的影响。为此本书提出如下假设：

H2c：个体回避目标取向与个体知识共享间具有显著的负相关关系。

4.2.4 团队目标取向与团队知识共享

团队知识共享是团队层次的复杂互动行为，是团队成员互相通过有效的沟通交流过程进行经验、专业知识、技能、人际网络、工作流程及价值观等知识资源的分享，从而实现团队知识提升与创造的过程[72](Senge, 1997)。

目标取向上升到团队层次，即团队目标取向。团队目标取向是指团队里所有成员关于团队氛围和成就目标的共同理解[170,177](Bunderson & Sutcliffe, 2003; Dragoni, 2005)。团队目标取向让团队成员感知并理解本团队是倾向于学习还是倾向于绩效，从而让团队制定决策、共同努力以及团队内部协调变得更加容易。因此，团队目标取向能对团队成员的态度和行为起到指导作用。本书拟借鉴学者 Porter (2005)、Bunderson（2003）提出的团队层次目标取向的结构[219,220]，即团队目标取向可分为团队学习目标取向、团队证明目标取向与团队回避目标取向三个维度，分别探讨其与团队知识共享的关系。

首先，团队学习目标取向可以看作是成员学习目标取向的平均值，反映了团队整体的学习倾向程度。团队学习目标取向让团队所有成员察觉并理解团队倾向于学习的程度，从使得团队决策制定、共同努力以及团队内部协调更加容易。成员对团队学习目标取向的共同认知、理解对团队行为过程和行为结果都有重要影响作用[153]。团队学习目标取向表现出积极的学习动机和学习行为时，团队成员通过积极学习，会积极思考并提出新想法，从而提高其知识储备和能力，推动团队知识共享。另外，团队学习目标取向宜于营造积极的氛围，使员工相信只有通过与别人协作才能实现发展和成功，从而更愿意无条件地与同事合作，并且容易形成适应性更强的同事关系和效率更高的组织成员沟通关系，推动知识在团队中的共享。基于以上文献和推论可知，团队学习取向对团队知识共享有积极正面的影响作用。因此，本书提出如下假设：

H3a：团队学习目标取向与团队知识共享间具有显著的正相关关系。

其次，团队证明目标取向代表了成员绩效证明目标取向的平均值，反映了团队所有成员倾向于获得外部正面评价的程度，驱动成员分享与任务有关的信息、知识，进而发挥团队合力完成目标[27](Chen & Kanfer,2006)。已有研究表明团队证明取向有益于团队计划和合作的质量、团队成员间的合作[234](Weingart, 1992)，形成共同利益。对团队知识共享而言，较高的团队证明取向促进团队间的合作、知识和信息的分享及共同利益的形成，推动团队成员提出解决问题和实现共同目标的新想法和建议，进而提高团队知识共享。而较低的团队证明取向则不利于团队成员间的知识和信息的分享，一定程度抑制了团队知识共享。由文献和推论可知，团队证明取向会促进团队知识共享。为此，本书提出如下假设：

H3b：团队证明取向与团队知识共享间具有显著的正相关关系。

最后，团队回避取向代表了个体回避取向的平均水平，反映了团队成员避免出错从而带来负面评价的共同目标，会阻碍团队成员间的知识、信息交流。因此，回避取向高的团队首要的目标是避免犯错和负面评价，而不是积极获得更多的工作表现。对团队知识共享而言，较高的团队回避取向导致团队成员避免挑战和不确定性所带来的成功，阻碍其为工作任务所进行协作式的活动，例如：想法的交流、技能和知识分享等。较低的团队回避取向则有益于形成较高的工作氛围。在这种氛围下，团队成员不担心提出问题所带来的不利后果，甚至不害怕失败，进而团队成员积极参与到团队任务解决，一定程度上有益于团队知识共享水平的提升。由上述前人研究成果推理可知，团队回避目标取向会阻碍团队内部的知识共享行为。为此本书提出如下假设：

H3c：团队回避目标取向与团队知识共享间具有显著的负相关关系。

4.2.5 团队心理安全的中介作用——团队层次分析

团队心理安全指一种团队成员共同持有的信念或者心理感受，即团队内成员普遍相信在团队内不会承担的人际关系恶化的风险，亦即相信在团队内发表真实意见、提出创新想法不会遭到团队和他人的拒绝、为难，或者惩罚，这种信念是建立在团队成员互相关心、相互尊重和彼此信任的基础上的 [194](Edmondson, 1999)。目标取向理论被愈来愈多地用来解释个人心理气氛和工作团队气氛的形成，而团队气氛则有利于团队成员对当前任务的共同理解，有利于知识和技能在团队的交流和分享，由此可见，团队目标取向会影响团队心理安全。

首先，团队学习取向在于通过内在学习动机营造全面、丰富和准确理解团队任务和提高自身能力的氛围；在这种氛围里，团队成员容易感知到可通过努力改善能力、与别人合作以增加知识，强化个体贡献的氛围特征，并不担心负面的绩效评价。由于学习目标导向追求获取新知识、新技能，关注自我发展，各种学习行为出于内部动机[153](VandeWalle, 2001)，具有较强的自我效能感和自我调节意识，在工作中将同事视为盟友并与之形成积极的合作、信任的朋友关系。所以，学习目标导向所主导的氛围中，团队成员在互动中敢于提出新观点、新想法或指出别人的错误，并不担心自己的行为或失误会遭到同事的嘲笑、打击或报复，且不相信同事会妒忌和排斥自己的学习行为，也不担心学习行为会影响到自己在团队中的形象、名誉和地位。

其次，团队绩效证明取向注重外部评价。一方面，这种氛围必然吸引和驱使团队成员加强合作和交流，共享和讨论与工作任务有关的知识和目标，一定程度上有利于提升团队心理安全[153](VandeWalle, 2001)；另一方面，这种氛围虽然造成一定的功利主义，但是客观上，这会促使只注重绩效取向的员工反思和总结，因为只有团队相互合作，才能尽可能完成团队目标的同时，尽可能最大化自己的价值；基于此，团队绩效证明取向所营造的氛围会增强团队心理安全。

最后，绩效回避取向的团队害怕失败带来不好的评价，认为能力是固定不变的，不会因为学习或者交流就能产生改变的[18](Dweck, 1986)。这种团队特征一方面降低了团队成员的自我效能感，在同事关系的认知上比较消极，将同事视为一种竞争或威胁。另一方面，在工作或人际交往中不愿把自己的新观点、新想法表达出来，害怕得不到认可从而被嘲笑或指责；也不敢将自己的错误告诉同事或指出同事的错误，担心由此引起他人的打击或报复，从而影响自己在组织中的形象和地位，此即为缺乏心理安全感。

学者们普遍认可，团队心理安全能够保证团队成员之间的沟通交流顺利进行。已有研究表明，团队心理安全有利于促进学习行为。因为学习行为可能存在着人际风险，但是团队心理安全却可以减轻个体对人际风险的关注，或者说是减轻对团队内其他个体反应的顾虑[194](Edmondson,1999)。在团队心理安全较高的情况下，团队成员不会因为担心招致责备、嘲笑或妒忌而不愿向别人请教，进行技能和知识交流。那么他就会选择大胆直言，主动进行知识收集和分享，向其他成员咨询以使其共享智力资本[235](张可军等，2011)。在团队心理安全较低的情况下，团队成员认为在团队中的人际关系是危险的，担心责备、嘲笑或妒忌而不愿向别人请教，不愿进行技能和知识的交流，因此，不利于知识共享。

通过以上前人研究成果梳理可知，团队学习目标取向和团队绩效证明目标取向通过团队心理安全进而积极影响团队层次的知识共享；而团队绩效回避目标取向通过团队心理安全对团队层次的知识共享产生消极的影响。由此，本书提出如下假设：

H4a：团队学习目标取向与团队心理安全之间具有显著的正相关关系。

H4b：团队证明目标取向与团队心理安全之间具有显著的正相关关系。

H4c：团队回避目标取向与团队心理安全之间具有显著的负相关关系。

H5a：团队心理安全在团队学习目标取向与团队知识共享之间的关系中起到中介作用。

H5b：团队心理安全在团队证明目标取向与团队知识共享之间的关系中起到中介作用。

H5c：团队心理安全在团队回避目标取向与团队知识共享之间的关系中起到中介作用。

4.2.6 团队心理安全的直接与调节作用——跨层次分析

多层次理论认为，在组织行为学领域，个体行为不仅受个体特征（个人层次）的影响，还会受到其所处团队乃至组织等更高层次的情境因素影响；这些情境因素一方面会直接影响个体行为，另一方面也可能会加强或减弱个体特征与其行为间关联性[236]。特征激活理论认为，个体对情境的知觉会调节个人特征对行为的影响效果[197](Tett & Burnett, 2003)。为了更全面地归纳团队中个体知识共享的影响因素，学者们逐渐把团队及组织层次的情境因素列入个体知识共享影响因素中，考查哪些情境因素会提升个体知识共享，哪些情境因素会阻碍个体知识共享。因此，对个体知识共享的影响因素研究，除了探讨个体层次上的目标取向因素外，还需要探讨个体所处的团队、组织情境方面的因素——团队心理安全的影响。

（1）团队心理安全对个体知识共享的直接影响

学者 Edmondson(1999) 提出团队心理安全允许成员犯错，鼓励成员冒险、提出不同观点，提倡互相鼓励、寻求帮助与反馈，从而容易产生更多的团队学习和反思行为[194]。这一点已获研究证实，且后续研究认为，团队心理安全对团队学习[237](陈国权等 , 2007)、团队创新[238,239](Edmondson, 2001; May, 2004)、团队绩效[240](Nemanich & Vera, 2009) 带来积极的影响。因此，在团队心理安全与个体知识共享的关系上，本书进行如下推断：

首先，团队心理安全有助于伴随着人际风险的学习行为的发生，因为它减轻了员工对人际风险的关注，或者说是减轻了对他人反应的顾虑[194] (Edmondson, 1999)。在这种情况下，团队成员不会因为担心招致责备、嘲笑或妒忌而不愿提出自己的观点和想法，相反，如果团队成员自信团队或团队中的其他成员不会因为自己的错误而嘲笑、排挤甚至惩罚自己，那么他就会选择大胆直言。学者 Mu 和 Guyawali(2000) 通过实证研究后发现，团队心理安全能创造一种不担心尴尬或被拒绝的情境，从而能使团队成员在这种情境下交流其个人观点[241]。这种无须背负人际风险负担的团队氛围无疑会成为知识共享行为的温床。由上述文献成果推理可知，团队心理安全会正向影响个体知识共享。为此，本书提出如下假设：

H6：团队心理安全对个体知识共享有显著正向影响作用。

（2）团队心理安全的调节作用

对团队心理安全调节作用的探讨，不仅可以将对个体知识共享的研究角度从个体单一层次转向个体、团队两层次，还可以为在管理实践中提升个体知识共享水平提供指导。根据特征激活理论，团队心理安全作为团队情境因素，会调节个体特征引发个体行为的程度，原因在于，团队心理安全可以创造一种互相信任、不需担心人际风险的氛围，从而有利于知识共享的推进。因此，本书拟从人与情境交互影响的角度探讨团队心理安全如何在个体层次目标取向与个体层次知识共享关系中发挥作用的。

已有研究成果梳理显示，学者们尚未就团队心理安全会在个体层次目标取向与个体层次知识共享关系中起到调节作用进行讨论。结合特征激活理论和文献研究结果，本书做出如下推理：第一，学习目标取向程度高的个体看重自身素质的提高，在内部动机的支配下，更愿意挑战难度大的工作 [153](VandeWalle, 1997)，在完成工作的同时，获取新的知识和技能。在高水平的团队心理安全情境中，团队成员被允许冒险、提出不同观点，鼓励承认或互相指出错误，寻求帮助与反馈，从而有利于团队成员间的合作和交流，进而推动学习目标取向的团队成员主动参与到知识和技能的分享中，这意味着团队心理安全会正向促进学习取向与其知识共享的关系；若在较低水平的团队心理安全情境中，团队成员倾向于认为人际关系有风险，担心责备、嘲笑或妒忌而不愿向别人请教，不利于团队成员之间的交流和反思，必然抑制团队成员的学习目标取向，最终会阻碍个体知识共享。第二，高证明目标取向的个体更加关注外部因素对其行为的影响。在高水平的团队心理安全情境中，由于团队心理安全自身具有崇尚合作和反思的氛围，容易激发持有证明目标取向的个体进行互动，如新想法争辩、知识分享 [38](张文勤和孙锐，2014) 等，也会增加知识和技能，最终提升个体间的知识共享水平；而在低水平团队心理安全的情境中，成员担心风险、害怕失败，减少了交流、沟通和建设性讨论等行为，不利于知识和技能的增加与分享，个体间知识共享水平也会相应地降低。第三，回避目标取向的成员因担心负面评价，害怕失败，他们的态度和行为更易受外部动机的影响。在高水平团队心理安全的情境中，成员之间的负面行为少，正面行为多，减弱了失败带来的各种风险，最终也会减弱回避目标取向对知识共享的负向影响；而在低水平的团队心理安全情境中，成员间的心理距离增大，人际风险陡增，加重持有回避目标取向个体对失败引致的负面评价的忧虑，从而阻碍了知识分享、交流。基于以上文献和推论，本书提出如下假设：

H7：团队心理安全在个体层次目标取向与个体层次知识共享之间的关系中发挥了调节作用，即团队心理安全水平高，可以增强个体层次学习目标取向与证明目标取向对个体层次知识共享的正向影响作用，减弱个体回避目标取向对个体层次知识共享的负向影响作用。

4.2.7 个体知识共享与团队知识共享

学者 Nonaka 和 Takeuchi 于 1995 年建立了著名的知识创造四阶段模型（即知识创造螺旋模式，简称 SECI 模型），分别为：社会化、组合、内部化和外部化，其中关键环节即个体知识转化为组织知识[23]。另有研究表明，团队和组织知识水平与团队成员知识共享之间呈现相关性[217,218](Cabrera & Cabrera, 2005; Tsoukas & Vladimirous, 2001)。由此可见，个体知识共享和组织知识之间存在紧密的联系。同时，知识共享作为知识运行的主要过程，在不同的层次上表现不同。各个层次的知识共享行为都需要个体的参与[232](Argote & Ingram, 2000)。这意味着个体参与知识共享的程度越高，团队知识及其所对应的知识共享水平也越高。基于此，我们借鉴 Gong 等研究成果，将个体知识共享水平平均化，探讨个体知识共享与团队知识共享的关系。

跨层次理论和相关研究认为在一个社会系统（如：团队、组织）中最基本的分析单元是个体[242](Jehn et al.,1999)。个体行为在时空中相互作用影响，产生社会性交互。系统运行和个体反应引起群体现象，如：氛围[243](Morgeson & Hofmann, 1999) 等。氛围涉及在组织环境中受到支持、奖励的事件、实践及各种行为的共同感知[244](Schneider, 1990)，且氛围与特定的输出有关[245](Katz-Navon et al.,2005)（如：安全、共享行为），尤其是在团队层面的动态互动过程中，彼此高度信任的关系有助于成员消除隔阂，加强知识、信息的交流，终会提升团队知识共享水平。另外，学者 McAIlister(1995) 研究认为，当个体之间信任关系持续加深时，知识、信息流量也会随之增加[246]。学者 Nelson 和 Cooprider(1996) 在对信息部门知识共享做实证研究后指出，信任与知识共享之间显著正相关；当个体之间信任增加时，互相之间吸引力也会增加，互动交流变多，而这会引致工作流信息、问题解法等的共享，进而提升知识共享[247]。学者 Nahapiet 和 GhoShal(1998) 也发现，新知识的产生部分是由于成员相互交流并组合知识的结果[248]。社会交换理论主要用来考察感知到的利益和成本、组织公正、信任等影响因素对知识共享的影响，尤其是信任对知识共享的影响机制研究[249](Mayer & Gavin, 2005)。由此可见，团队成员交互形成的氛围，有助于将个体层面的知识、技能与能力整合为团队或者组织层面资源。在知识共享领域中，个体知识共享水平是团队知识共享的重要基础，且团队信任益于增强团队知识共享，作为连接个体知识共享与团队知识共享的重要过程。因此，我们提出如下研究假设：

H8：个体知识共享平均水平与团队知识共享间存在显著的正相关关系。

H9：个体知识共享平均水平通过团队信任对团队知识共享产生积极影响。

在相关文献梳理的基础上，根据提出的研究假设，确定本书的概念模型如图 4.1 所示。因本书主要分析目标取向与知识共享间的多层次关系，所以在概念模型中自变量为团队和个体层次的目标取向，团队心理安全为团队层次的中介变量及跨层次的调节变量，团队信任为中介变量，个体知识共享和团队知识共享为因变量，如图 4.1 所示。

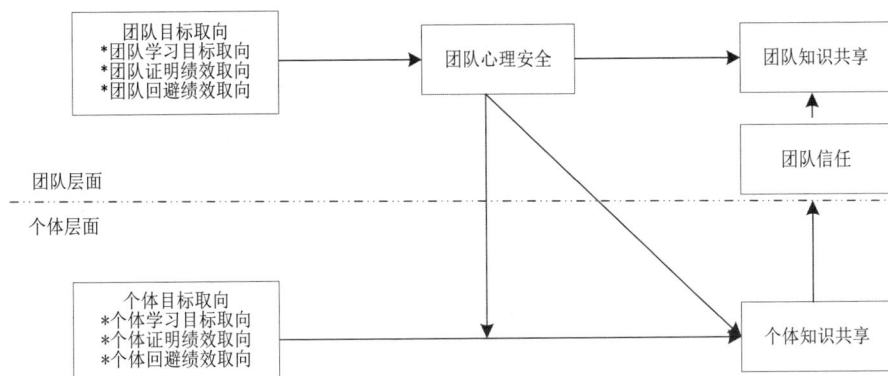

图 4.1　概念模型

4.3　研究方法

4.3.1 跨层次分析

本书所考察的变量分布在团队和个体两个层次上，数据有明显的嵌套性。若仅在个体层次上进行数据处理，会忽略情境因素和个体的群体身份，致使观察到的总效应既包括团队层次效应也包括个体层次效应，造成的结果是会低估估计值的标准误；但如果仅从团队层次上处理数据，又会忽略个体层次的相关信息，造成的可能结果是原本显著的效应因分组特性与研究变量无关而没被发觉。

多层次模型为处理具有分级结构的数据提供了一个有效的分析模式，

研究者可以利用该模式系统地分析宏观或微观因素对变量产生的跨层次影响作用，检验宏观变量是如何在微观变量与结果变量关系中起到调节作用的，以及个体层次水平的解释变量是否影响到组间层次水平解释变量的效应。通过跨层次模式数据处理，可以将结果变量中的变异分解成组间变异和组内变异，由此可以分析变量在团队层次水平上和个体层次水平上相对变异的情况。综上所述，本章中拟采用跨层次数据方法分析目标取向与知识共享间的多层次效应。

4.3.2 数据处理工具

本章节拟对采集的有效数据进行了如下处理：

（1）使用 SPSS28.0 和 AMOS28.0 软件进行描述性统计分析、CITC检验、验证性因子分析。

（2）使用 HLM6.08 软件进行跨层线性数据分析。

4.4 调查问卷设计

4.4.1 社会称许性偏差处理

社会称许性偏差是指：受访者不是根据问题的真实答案回答，而是倾向于通过社会认可、他人赞赏的方式回答问题。在问卷调查或访谈时，很多被访者为了避免给访谈者、其他人留下不良印象，在回答问题时总是希望能呈现出更受认可的自己，而这会在一定程度上让调研数据失真。本书中当谈及个人或团队层次的目标取向与个人、团队层次知识共享的关系时，采取了以下操作方式降低社会称许性偏差。

（1）调研之前的准备工作充分，先从企业的人事部门获得调研对象的个人相关信息，并在调查问卷上不经意处编号，再记录编号以实现配对。在调研过程中实行匿名制，告知每一位受访者问卷仅仅用于学术目的，和个人工作绩效无关，研究人员收集的所有信息从开始到研究完毕 30 年封档保存，他人接触不到，保密性强，以消除被调研管理者的心理负担。

（2）由于本书调研的对象是企业管理层，我们尽量避免集中填写问卷的形式，而是采用每人一个信封，在信封口贴好双面胶，被访者填好问卷后，自行封口，投入放在走廊中的封闭信箱中，以减轻被访者的心理顾虑。

（3）在问卷的题目设计方面，题目的措辞事先征询有关人力资源专家，避免使用会导致受访者警惕和顾虑的敏感刺激字眼，题目的编排顺序合理设置以让受访者舒适。

4.4.2 同源偏差处理

在管理学或心理学的研究中，调查数据可能来源相同，或者其他背景相同，如果说测量环境、项目语境或项目特征，这会造成预测变量与效标变量之间的人为共变，此即为同源偏差 [250](Podsakoff et al.，2003)，有时也称为共同方法偏差。同源偏差消除的方法是尽可能提前预防，本书使用了受访者个人信息隐匿法和选项重测法，这可在一定程度上起到预防作用。

　　检测同源偏差的常用方法是哈曼单因子检测法：将问卷所列的全部项目一起做因子分析，在未旋转时得到的第一个主成分，就反映了同源偏差值[251]。

4.4.3 研究工具的选择

　　本书需要测量的变量主要有：目标取向、知识共享、团队心理安全、团队信任。涉及的量表，本书尽量使用国内外比较成熟的成果，保证满意的信度、效度值，若使用国外学者开发的量表需要先翻译回译修订，使之符合汉语表达方式以及中国企业的实际。

　　（1）知识共享量表

　　国内外学者对知识共享开展了较多的实证研究，由于考查角度的不一致，造成各种研究对知识共享的测量标准存在差异。如 Zarrag 和 Bonache(2003) 从知识转移与知识创新两个维度测量知识共享[252]；Cabrera,Collins 和 Salgado(2006) 从知识寻找与知识提供两方面开发了两类知识共享行为的测量量表[253]；Hooff 和 Ridder(2004) 从知识贡献和知识获取两个方向对知识共享进行了测量[254]；李涛和王兵 (2003) 从知识传播度和吸收度来测量知识共享等[255]。本书知识共享侧重于获得共享效果的水平高低，因此，考查比较各位学者的成果后，采用 Bock et al.(2005) 开发的知识共享测量量表[81]，共 5 个题项。

　　（2）团队心理安全量表

　　团队心理安全的测量仍然主要采用 Edmondson(1999) 编制的包含七个项目的 Likert 7 点自陈量表[194]。示例题项如："如果你在团队中出现失误，经常会受到他人反对""团队成员能够提出问题和强硬的观点"。

（3）目标取向量表

本书在测量目标取向变量时，采用国外学者 VandeWalle(1997) 开发的量表，该量表分成三个维度，共有 13 个题项，其中有 5 个题项涉及学习目标取向，有 4 个题项涉及证明目标取向，有 4 个题项涉及回避目标取向[153]。本书中目标取向分为两个层次：团队层次的目标取向与个体层次的目标取向。VandeWalle 开发的量表是面向个体层次，即个体目标取向，示例题项如："我喜欢挑战性和有困难的任务，这样我才能学到新的东西"；团队目标取向需要根据指示物转移模型（构念的基本意义不变，指示物转向团队层面）进行测量。示例题项如："我们团队喜欢挑战性和有困难的任务，这样我们才能学到新的东西"。

（4）团队信任

团队信任采用 De Jong 等 (2010) 开发的量表，共 5 个题项[256]。示例题项如："当我在工作中遇到困难时，我相信能得到同事的协助""我相信大部分的团队成员在工作上能言行一致"。

本书量表均使用国外学者开发并多次验证的成熟量表但应用在中国情境下时，需要对这些量表进行适度修订，这主要通过两项工作来完成。首先，双盲翻译拟借鉴的国外成熟量表。先请两位知识管理领域的博士各自独立（双盲）地将量表内容由英译汉，再斟酌确定合适的中文语句。然后再请另外两位知识管理领域的博士各自独立（双盲）地将量表内容译回英文。再请这 4 位博士共同探讨回充版权本与英文原版量表的差异，找到问题症结之后，修订中文译句。其次，专家咨询[257]。在济南与青岛，研究人员分别与两名资深企业管理人员对问项按下述问题顺序逐个咨询讨论: (1) 该条目含义明确吗？ (2) 该条目问的有必要吗？ (3) 对于该条目的评价尺度理解吗？(4) 对该条目，评价尺度有价值吗？(5) 对该条目，你认为受访者有不同答案吗？(6) 问卷中每部分的指导性语句的意思是否能被很好地理解？(7) 还有其他建议吗？经过先期充分准备，我们对部分条目作了修订使之符合中国人表述习惯。

表 4.1 本书各量表的特征一览

量表	维度	条目数	评分者	变量特征	团队数据产生方式
个体知识共享	单维	5	团队主管	整体特征	加总平均
团队信任	单维	5	团队成员	共享特征	加总平均
目标取向	学习取向	5	团队成员	生成特征	加总平均
	证明取向	4			
	回避取向	4			
团队知识共享	单维	5	团队成员	共享特征	加总平均
团队心理安全	单维	7	团队成员	共享特征	加总平均
控制变量	性别	1	团队成员	整体特征	直接测量
	年龄	1	团队成员		
	工龄	1	团队成员		
	学历	1	团队成员		
	职称	1	团队成员		
	职位	1	团队成员		
	团队成立时间	1	团队主管		
	团队工作时间	1	团队主管		

控制变量。为提高研究的精确程度，本书确定了部分控制变量，如性别、年龄、学历、工龄、职位、职称、团队成立时间、团队工作时间等。除个别控制变量外，各变量条目均采用 Likter 5 点量表进行打分，以此衡量受访者对各问题的同意程度，1 代表"完全不同意"，5 代表"完全同

意"，2、3、4 代表中间同意程度。表 4.1 列出了本书量表的所有特征。

4.5　研究样本

4.5.1 样本描述

本书在选取样本时，需要处理好的问题有：（1）研究对象的选择。针对研究问题，本书选取的企业样本分布在不同所有制及不同地域；选取的团队样本属于技术和知识型团队，对团队的性质不做区分；团队成员样本在知识型或技术型员工里选取。（2）同源误差的消减。借鉴问卷设计与发放回收的成熟做法，将问卷分为主管问卷与成员问卷两种，且通过分别发放回收的形式保证主管、成员样本问卷的配对，以减少答案来源相同引进的偏差。（3）团队层次数据的产生方式。本书中团队层次变量，是将成员问卷数据加总平均生成相应变量的团队层次数据，因此成员问卷数据必须保证一定完整性；同时，在计算团队层次数据之前，要对成员回答一致性进行检查。

本书采用随机抽样的方法，通过现场、网络两种方式获取数据。一是研究人员发放回收纸质问卷进行调查。主要在北京、上海、沈阳、天津、济南、青岛等地的高新技术企业完成，在与企业人力资源部门确定的所有团队中随机选择若干团队，根据主管、员工数量确定问卷发放的数量，当场填写、当场回收。每位主管、成员答完问卷后立即装入已备信封中，然后以团队为单位，待所有成员及主管问卷都装入信封后，装订密封信封以防与其他团队混装，此时即为完成一份完整的团队问卷调查工作。二是由联络人通过网络问卷进行的调查，主要是在广州、成都、西安一带进行。课题负责人事先与联络人仔细沟通，待联络人与被访者准备完成后，再开始问卷调查，程序与第一种方式相同。

本书研究样本来自37家企业中的160个技术或者知识团队。具体操作如下：2017年11月2018年6月期间，共向160个知识或技术团队（来自37家企业）进行问卷调查，问卷分为纸质问卷和网络问卷两种。共向160个研发团队的700名团队成员及其主管发放问卷，并进行了配对和编号。其中团队主管主要是对个体知识共享水平进行评价，团队成员主要对本人的背景信息、个体和团队目标取向、团队知识共享水平、团队心理安全水平与团队信任水平进行评价。本次问卷调查共回收605份，问卷回收率为86.46%。结合本书变量的层次性，拟定样本的剔除标准：①问卷回答不够完全，条目缺失过多，若仅有个别遗漏还可采用缺失值处理；若遗漏关键条目超过3项，则剔除该样本；②受访者回答不认真，多数问题打分相同、呈现"Z"型或者"中间"型等规律性较强的问卷予以剔除；③因本书要考察团队层次的变量，为保证团队层次数据的稳定性，将成员有效问卷回收数量不到团队成员总数二分之一的团队样本整体剔除。结果，在剔除无效问卷后，最终得到有效团队样本120个，问卷共计605份（团队主管120份，团队成员485份）。表4.2至4.4列出了本书调查样本的特征。

表 4.2 本书调研团队成员样本特征

团队成员样本特征（n=485）		样本数（人）	样本比例
性别	男	299	61.7%
	女	186	38.3%
年龄	≤25 岁	59	12.1%
	25—35 岁	271	55.9%
	36—45 岁	109	22.5%
	≥45 岁	46	9.7%
工龄	2 年以下	95	19.6%
	3—10 年	228	47.0%
	11—20 年	88	18.1%
	20 年以上	74	15.3%
学历	大专及以下	13	2.7%
	本科	31	6.4%
	硕士	290	59.8%
	博士	151	31.1%
职称	初级	245	50.5%
	中级	154	31.8%
	高级	86	17.7%
职位	基层	370	76.3%
	中层	93	19.2%
	高层	22	4.5%

表 4.3　本书调研团队主管样本特征

团队主管样本特征（n=120）		样本数（人）	样本比例
性别	男	76	63.3%
	女	44	36.7%
年龄	≤25 岁	16	13.3%
	25—35 岁	52	43.3%
	36—45 岁	31	25.8%
	≥45 岁	21	17.5%
学历	本科	75	62.5%
	硕士	42	35.0%
	博士	3	2.5%
团队成立时间	1 年以下	6	5.0%
	1—2 年	27	22.5%
	2 年以上	87	72.5%
加入团队时间	最短为 1 年，最长为 20 年，均值为 3.83，标准差为 2.72		
团队人数	最少为 3 人，最多为 20 人，均值为 5.86，标准差为 2.2		

表 4.4　本书调研企业样本特征

企业样本特征（n=37）		样本数（家）	样本比例
企业性质	国有企业	8	21.6%
	民营企业	11	29.7%
	三资企业	18	48.7%

企业样本特征（n=37）		样本数（家）	样本比例
企业规模	49 人以下	9	24.3%
	50—99 人	7	18.9%
	100—499 人	12	32.5%
	500 人以上	9	24.3%
所属行业	通信制造	5	13.5%
	机械制造	4	10.8%
	软件服务	6	16.2%
	新能源	3	8.1%
	建筑材料	7	18.9%
	生物医药	5	13.5%
	其他	7	18.9%

4.5.2 数据正态性检验

　　用结构方程模型对数据进行分析时，所测数据必须呈正态分布。黄芳铭（2005）指出：当偏度绝对值大于 3.0 时，一般被视为是极端的偏态；而峰度绝对值大于 10.0 时，表示峰度有问题；若峰度大于 20.0 时，被视为是极端的峰度[258]。因而，仅偏度绝对值小于 3 且峰度绝对值小于 10 时，其数据特征属于非严格标准的正态分布，这种轻微的情况不会对参数估计结果造成显著影响[259]（侯杰泰等，2004）。本书采用 SPSS 统计软件计算测量题项的偏度值和峰度值。统计结果显示，各个测量题项的偏度值介于 0.131 和 0.112 之间，峰度值介于 0.021—1.433 之间，远低于偏度值和峰度值的上限标准。因此，本次问卷调查获得的数据服从非严格标准正态分布，但不会影响统计结果的效度分析过程。

4.5.3 共同方法偏差的检验

对于共同方法偏差的检验，本书采用 Harman 单因素检验法 [260]（周浩和龙立荣，2004）。研究者将研究涉及的全部变量进行探索性因子分析，共分析出 7 个特征值大于 1 的公因子，解释了总方差的 61.732%；其中解释力度最大的公因子特征值为 14.875，解释了总方差的 21.512%。检验结果表明，没有某一个公因子或某一个单独因子解释了全部变量的大部分协方差。同时，Barrick et al.(1998) 研究指出，当研究变量的测量在多个层次进行测量时，共同方法偏差对研究结果的影响较小 [261]。研究变量涉及两个层次的构念，因而共同方法偏差问题对本书的研究结果影响较小，可以忽略不计。

4.5.4 缺失值处理

已有研究指出，针对有效样本中缺失值的处理方法包括插补法、常数替代法和删除法。相比较而言，删除法操作简单但会错过样本隐藏的重要信息；常数替代法不会损失信息但主观性推测较强，容易引起数据的偏离 [262]（张奇，2009）。本书为了保证数据客观性且不损失样本信息，拟采用插补法对缺失值进行处理。在各类统计软件中，SPSS 提供了五种缺失值的估计插补值：序列替代值、临近点均值、附近点中位数值、线性插值和线性趋势值。同时，由于同一团队内的成员之间所提供的评价数据可能存在一定的相似性，因而本书采用线性插补法进行缺失值处理，其具体操作过程通过 SPSS 软件的分析模块完成。

4.6 团队层面数据聚合检验

本书的研究是跨层次进行的，而团队目标取向、团队心理安全及团队信任的测量是由个体数据计算所得，因此需要检验团队层次数据聚合是否合理。只有检验合理，才可以将个体层次上数据聚合成团队层次的变量数据。常用的检验数据聚合可靠性的指标有 r_{wg}、ICC(1)、ICC(2) 等，其中 rwg 可用来评价组内一致性程度，而 ICC(1)、ICC(2) 用来比较对组内差异和组间差异。适用于不同的构念类型、构成模式的验证指标有所不同，还需要根据理论资料确定，通常情况下，验证指标使用越多就越有说服力。根据研究需要，本书拟采用团队内部一致性系数 r_{wg}(James, 1993)[263]，组内相关系数 ICC(1)、ICC(2) [264](Bartko, 1976)，检验个体层次数据聚合成团队层次数据的合理性。

（1）组内一致性检验

组内一致性是指受访者对构念问题回答一致性的程度 [265](Kozlowski & hattrup，1992)，常用指标 r_{wg} 来判断高低，计算公式如下：

$$r_{wg(j)} = \frac{j\left[1-\left(s_{xj}^2 / \sigma_{EU}^2\right)\right]}{j\left[1-\left(s_{xj}^2 / \sigma_{EU}^2\right)\right]+\left(s_{xj}^2 / \sigma_{EU}^2\right)} \tag{4.1}$$

其中，s_{xj}^2是指在第 J 个条目所获得的方差平均数，σ_{EU}^2是随机方差的期望值，$r_{wg(j)}$则是在第 J 个平行的条目上所有受访者回答的组内一致性程度。$r_{wg(j)}$值在 0 与 1 之间，越接近于 1 表示组内成员评分一致性程度越高；学术界通常认为，$r_{wg(j)}$判定临界值可定为 0.7。

（2）组内相关 ICC(1) 和 ICC(2)

组内相关 ICC(1) 和 ICC(2) 是检验研究变量是否有足够组间差异的指标。研究者通过 HLM 分析，首先得出变量的组间方差和组内方差，并通过公式 4.2 计算出变量的组内相关 ICC(1)。

$$ICC(1)= 组间方差 /（组间方差 + 组内方差） \tag{4.2}$$

组内相关 ICC(2) 是指将个体层次的变量聚合成群体变量时，该变量的信度。ICC(2) 与样本的大小有关，k 表示群体样本数，其计算公式为：

$$ICC(2) = \frac{k \times ICC(1)}{1+(k-1)ICC(1)} \tag{4.3}$$

学术界通常认为，ICC(1) 的取值范围在 0 至 0.50 之间[263](James, 1982)，但会受到样本量大小的影响，故还需进一步验证组间方差的显著性。学者 Chen 和 Bliese (2002) 研究认为 ICC(1) 和 ICC(2) 符合数据聚合的判断标准是 ICC(1)>0.12, ICC(2)>0.7[266]。

经对本书全部样本数据按公式进行计算，各变量的聚合检验指标值如表 4.5 所示。所有变量均满足 r_{wg}>0.7, ICC(1)>0.12, ICC(2)>0.7，符合跨层次数据聚合的判断标准。

表 4.5　全书各变量多水平数据的聚合检验

变量	r_{wg}	ICC(1)	ICC(2)
团队学习取向	0.79	0.27	0.81
团队证明取向	0.89	0.31	0.82
团队回避取向	0.85	0.39	0.84

变量	r_{wg}	ICC(1)	ICC(2)
团队心理安全	0.83	0.32	0.80
团队信任	0.91	0.41	0.90

4.7 信度与效度分析

问卷调查所得数据首先要进行信度、效度，以判断调查结果是否有价值。信度是指测量数据的内部一致性和稳定性程度，用来衡量问卷调查的可靠性[31]（李怀祖，2004）。效度是指测量手段能准确反映所要衡量事物性质的程度，即测量结果的准确性，它揭示了变量和题项间的关系。信度检验与效度检验符合要求是保证调查结果准确可信的前提条件，在进行假设检验之前，本书首先检验问卷数据的信度与效度。

4.7.1 信度分析

一般情况下，信度系数越高，测量结果受误差的影响就越小，受访者对问卷题项的回答就会有一致的变动方式，且能够反映受访者真实状态。根据研究需要，本书拟采用以下指标来计算信度：① α 信度系数，用于衡量测量结果的一致性，学术界认可 0.7 可以作为判断标准，大于 0.7 表示信度良好，小于 0.7 表示信度较差，需要修改重测；且删除题目的 α 信度系数可以作为删除条款的依据；② CITC，指在同一变量维度下，每一个题项与其他所有题项之和的相关系数；根据研究惯例，CITC 小于 0.5

的题项应予以删除。表4.6列出了本书各变量的信度检验值。

表4.6　本书所有变量信度检验结果

本书考察变量	题项	CITC	删除该题项后 α 系数	α 系数
学习目标取向	TL1	0.626	0.812	0.844
	TL2	0.654	0.803	
	TL3	0.663	0.802	
	TL4	0.620	0.816	
	TL5	0.678	0.796	
证明目标取向	TP1	0.633	0.749	0.813
	TP2	0.611	0.759	
	TP3	0.735	0.778	
	TP4	0.716	0.794	
回避目标取向	TA1	0.821	0.860	0.902
	TA2	0.828	0.857	
	TA3	0.772	0.877	
	TA4	0.707	0.900	
团队心理安全	PA1	0.527	0.884	0.887
	PA2	0.651	0.873	
	PA3	0.574	0.879	
	PA4	0.615	0.876	
	PA5	0.758	0.863	
	PA6	0.592	0.878	
	PA7	0.754	0.864	

本书考察变量	题项	CITC	删除该题项后 α 系数	α 系数
团队信任	TT1	0.605	0.857	0.865
	TT2	0.731	0.825	
	TT3	0.729	0.829	
	TT4	0.806	0.807	
	TT5	0.586	0.863	
个体知识共享	IKS1	0.658	0.848	0.867
	IKS2	0.539	0.865	
	IKS3	0.710	0.836	
	IKS4	0.682	0.841	
	IKS5	0.717	0.835	
团队知识共享	TKS1	0.522	0.880	0.886
	TKS2	0.637	0.874	
	TKS3	0.586	0.877	
	TKS4	0.510	0.881	
	TKS5	0.526	0.880	

上表数据显示，未删除任何题项的各变量 CITC 值均大于 0.5，α 信度系数均大于 0.7；因此，各测量量表的内部一致性较好，信度能够满足研究要求。

4.7.2 效度分析

效度分析也是问卷数据前处理的必需环节，一般考虑内容效度和构思效度两种。内容效度是指该测量工具是否涵盖了它所要测量的某一构念的所有维度，学者李怀祖（2004）认为，实质上，内容效度是一种质化效度，主要依据研究人员在定义上、语义上的判断，依赖逻辑处理而非统计分析处理，依赖研究对象对理论定义的认同[31]。本书量表从两方面保证了内容效度符合要求：①本书制定的测量题项大多参考已有特别是国外成熟量表，这些量表被大量使用并被证明有效，得到了学术界的认可；②本书使用成熟量表时，采用平行双盲方式翻译回译再讨论确定中文语句，使之更符合中国语境，以此保证内容效度不降低。构思效度主要反映与构念的维度结构相关的信息，即实际测量所得的数据与构念的一致性程度，双可分为收敛效度和区分效度。收敛效度是指不同题项测量同一变量的相似程度，而区分效度则是指测量不同变量的题项间的无关程度。

计算收敛效度时，可以由潜变量的平均变异数抽取量（average variance extracted，简称 AVE）测量。吴明隆（2009）等学者认为，一般情况下 AVE 的数值大于 0.5 即可[267]。AVE 可通过如下公式计算而得：

$$AVE = \frac{\sum(\text{标准化负荷})^2}{\left[\sum(\text{标准化负荷})^2 + \sum \varepsilon_j\right]} \tag{4.4}$$

其中，ε_j 是第 j 项的测量误差，$\varepsilon_j = 1 - $ 标准化负荷平方

计算区分效度时，可将潜变量的平均变异数抽取量 AVE 的平方根与该潜变量和其他潜变量之间的相关系数进行比较；若前者大于后者，则说明每一个潜变量与其自身的测量题项分享的方差，大于与其他测量题项分享的方差，从而说明测量工具具有较好的区分效度[268]（Bock, Zmud & Kim, 2005）。

多数情况下，验证性因子分析（CFA）是检验构思效度的常用方法。CFA 属于结构方程模型（SEM）的一种次模型，为 SEM 的一种特殊应用。

　　采用验证性因子分析检验量表的效度时，首先需要选择合适的模型适配度指标。本书拟采用的模型适配度指标包括：① χ^2/df，卡方自由度比，用于检验理论模型估计矩阵与观察数据矩阵是否匹配，通常 χ^2/df 越小，说明模型拟合效度较佳。② GFI，适配度指数，类似于回归分析中的决定系数 R^2，表示假设模型协方差可以解释观察数据协方差的程度，是小于 1 的值，GFI 越接近于 1，表明假设模型的契合度越高。AGFI，调整后适配度指数，其数值越接近于 1，表明假设模型契合度越高（Bogozzi & Yi,1998；黄芳铭，2005）。③ RMSEA，平均"近似"平方误系数，当 RMSEA ≥ 0.10 时，表示模型拟合度欠佳，当 $0.08 \leq$ RMSEA ≤ 0.10 时，表示模型拟合度尚可，当 $0.05 \leq$ RMSEA ≤ 0.08 时，表示模型拟合度良好，而当 RMSEA ≤ 0.05 时，表示模型拟合度非常好[269]（Browne & Cudeck, 1993；Mc Donald, 2002）；④相对拟合效果指标（NFI 、CFI），多数情况下，NFI 和 CFI 的取值介于 0 和 1 之间，只有大于 0.9 才能认为模型拟合度非常理想[270]（Hu & Bentler, 1999）。表 4.7 列出了本书采用的拟合度指标。

表 4.7　本书采用的拟合度指标汇总

拟合指标	取值范围	判断标准
χ^2/df	$[0,+\infty]$	$[0,\ 5)$
GFI	$[0,\ 1]$	$(0.9\ 1]$
AGFI	$[0,\ 1]$	$(0.9\ 1]$
RMSEA	$[0,+\infty]$	$[0, 0.08)$
NFI	$[0,\ 1]$	$(0.9\ 1]$
CFI	$[0,\ 1]$	$(0.9\ 1]$
AVE	$[0,\ 1]$	$(0.5\ 1]$

在进行量表的信度、效度检验时，仅涉及测量量表本身问题的探讨，而未涉及研究模型、假设模型的验证，故选取未经加工的个体层次数据进行分析更为合适。

（1）目标取向量表的效度检验

根据理论构建，目标取向量表含有学习目标取向、证明目标取向和回避目标取向三个维度，学习目标取向含有 5 个题项，证明取向和回避取向分别含有 4 个题项，因而，可以设定如图 4.2 所示的目标取向量表的验证性因子分析模型。

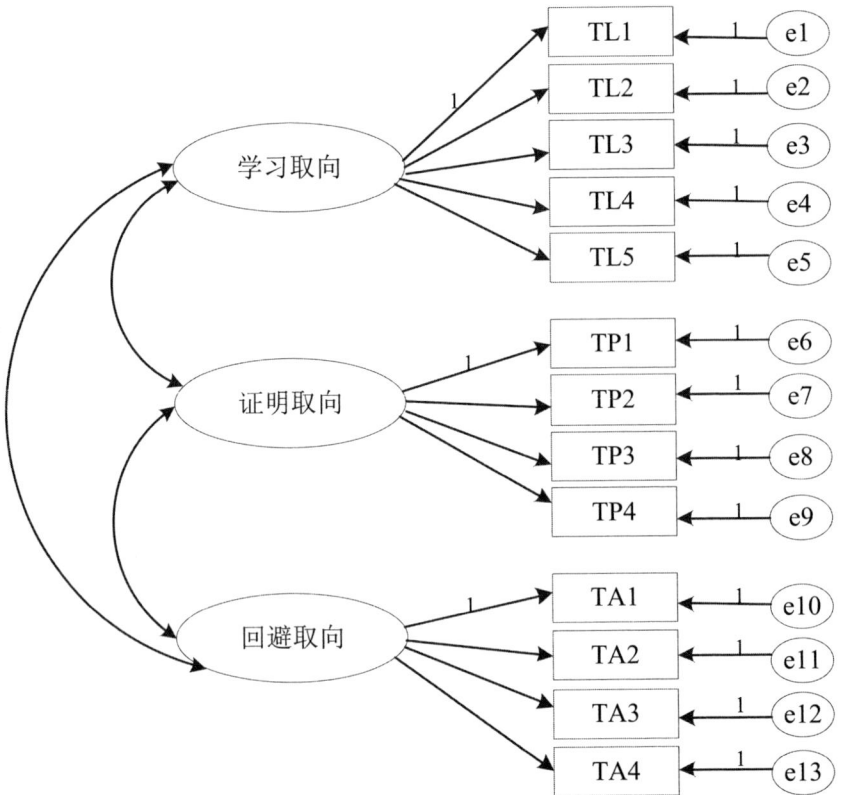

图 4.2　目标取向量表验证性因子分析模式

目标取向量表验证性因子分析结果如表 4.8 所示。

表 4.8　目标取向量表验证性因子分析结果

潜变量	项目	标准化负荷	测量误差	AVE
学习目标取向	TL1	0.70	0.51	0.53
	TL2	0.74	0.45	
	TL3	0.74	0.45	
	TL4	0.71	0.50	
	TL5	0.73	0.47	
证明目标取向	TP1	0.81	0.34	0.62
	TP2	0.82	0.33	
	TP3	0.75	0.44	
	TP4	0.78	0.39	
回避目标取向	TA1	0.89	0.21	0.71
	TA2	0.91	0.17	
	TA3	0.81	0.34	
	TA4	0.74	0.45	
拟合优度指标： $\chi^2/df=1.621$；RMSEA=0.077 GFI=0.982; AGFI=0.926; NFI=0.946; CFI=0.933				

由表 4.8 可知，模型的 $\chi^2/df<5$；RMSEA<0.08；GFI、AGFI、NFI 和 CFI 均大于标准 0.900。各项指标均在临界值范围内，因此，目标取向量表模型拟合程度良好，不需要修订。收敛效度检验时，学习目标取向、证明目标取向与回避目标取向 AVE 值分别为 0.53、0.62 和 0.71，大于判断标准 0.50，因此该模型具有较好的收敛效度。区分效度根据表 4.9 列出的潜变量 AVE 的平方根与潜变量之间的相关系数可知，潜变量 AVE 的平方根分别为 0.73、0.79 和 0.84，远大于潜变量之间的相关系数 0.43，表

明模型的区分效度良好。

表 4.9　目标取向三维度间的 AVE 平方根与相关系数表

潜变量	学习目标取向	证明目标取向	回避目标取向
学习目标取向	0.73		
证明目标取向	0.43	0.79	
回避目标取向	-0.38	-0.06	0.84

注：上表中对角线上的数据为潜变量平均方差提取量的平方根$\sqrt{AVE}$

（2）团队心理安全量表的效度检验

根据前文构建的模型，团队心理安全仅有一个维度，包括 7 个题项，因而设定如图 4.3 所示的团队心理安全量表验证性因子分析模型。

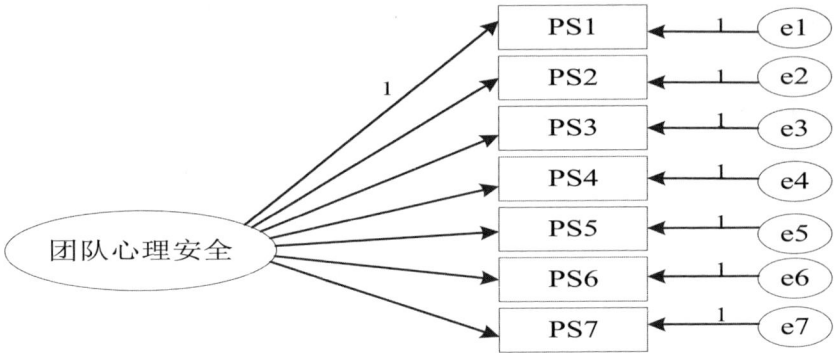

图 4.3　团队心理安全量表验证性因子分析

表 4.10 列出了团队心理安全量表验证性因子分析数据。

表 4.10　团队心理安全量表验证性因子分析结果

潜变量	项目	标准化负荷	测量误差	AVE
团队心理安全	PS1	0.73	0.47	0.65
	PS2	0.84	0.29	
	PS3	0.79	0.38	
	PS4	0.83	0.31	
	PS5	0.82	0.33	
	PS6	0.86	0.26	
	PS7	0.84	0.29	
拟合优度指标： $\chi^2/df=2.096$；RMSEA=0.069 GFI=0.932; AGFI=0.906; NFI=0.936; CFI=0.927				

由表 4.10 可知，模型的 $\chi^2/df<5$；RMSEA<0.08；GFI、AGFI、NFI 和 CFI 均大于临界值 0.900，因而，该模型拟合程度良好，不需要修订。团队心理安全平均方差抽取量 AVE 值为 0.65，大于标准值 0.50，故收敛效度符合要求。由于团队心理安全只有一个维度，无须进行区分效度检验。

（3）团队信任量表的效度检验

根据前文构建的模型，团队信任只有一个维度，含有 5 个题项，因此，设定如图 4.4 所示的团队信任量表验证性因子分析模型。

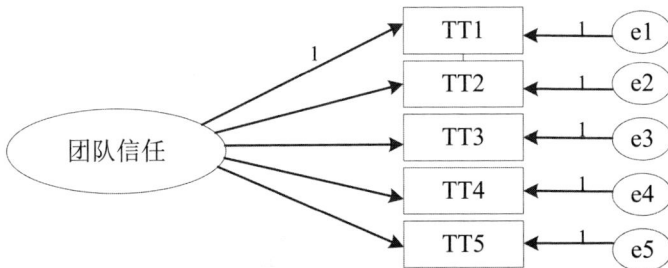

图 4.4　团队信任量表验证性因子分析模式

表 4.11 列出了团队信任量表验证性因子分析数据。

表 4.11　团队信任量表验证性因子分析数据

潜变量	项目	标准化负荷	测量误差	AVE
团队信任	TT1	0.78	0.39	0.64
	TT2	0.75	0.44	
	TT3	0.82	0.33	
	TT4	0.76	0.42	
	TT5	0.89	0.21	
拟合优度指标： $\chi^2/df=1.269$；RMSEA=0.057 GFI=0.944; AGFI=0.923; NFI=0.926; CFI=0.956				

由表 4.11 可知，模型的 $\chi^2/df<5$；RMSEA<0.08；GFI、AGFI、NFI 和 CFI 均大于临界值 0.900，因而模型拟合程度良好，不需要修订。团队信任的 AVE 为 0.64，大于标准值 0.50，故模型具有较好的收敛效度。由于团队信任只有一个维度，故无须进行区分效度检验。

（4）知识共享量表的效度检验

根据前文构建的模型，个体知识共享仅有一个维度，包含 5 个题项，因而设定如图 4.5 所示的个体知识共享量表验证性因子分析模型。

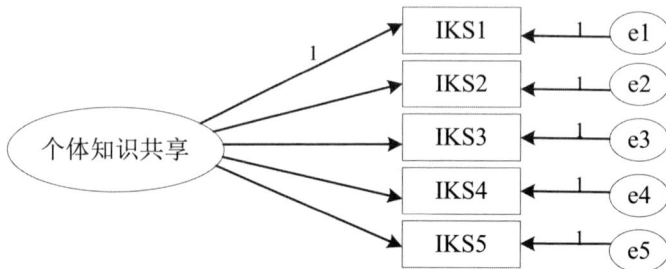

图 4.5　个体知识共享量表验证性因子分析模式

表 4.12 列出了个体知识共享量表验证性因子分析数据。

表 4.12　个体知识共享量表验证性因子分析数据

潜变量	项目	标准化负荷	测量误差	AVE
个体知识共享	IKS1	0.71	0.50	0.58
	IKS2	0.78	0.39	
	IKS3	0.77	0.41	
	IKS4	0.75	0.44	
	IKS5	0.80	0.36	
拟合优度指标： $\chi^2/df=1.822$；RMSEA=0.048 GFI=0.951; AGFI=0.919; NFI=0.941; CFI=0.972				

由表 4.12 可知，模型的 $\chi^2/df<5$；RMSEA<0.08；GFI、AGFI、NFI 和 CFI 均大于临界值 0.900，因而模型拟合程度良好，无需修订。个体知识共享的 AVE 值为 0.58，大于标准值 0.50，模型具有较好的收敛效度。由于个体知识共享只有一个维度，故无须进行区分效度检验。

（5）团队知识共享量表的效度检验

根据前文构建的模型，团队知识共享只有一个维度，包含 5 个题项，因此设定如图 4.6 所示的团队知识共享量表验证性因子分析模型。

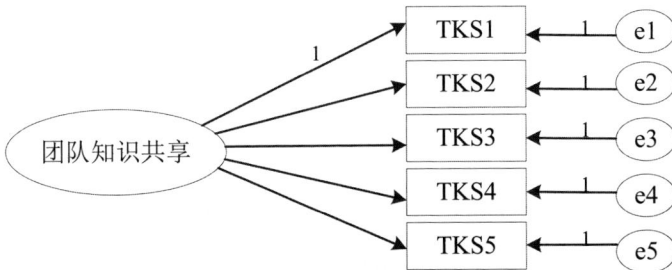

图 4.6　团队知识共享量表验证性因子分析模式

表 4.13 列出了团队知识共享量表验证性因子分析数据。

表 4.13　团队知识共享量表验证性因子分析数据

潜变量	项目	标准化负荷	测量误差	AVE
团队知识共享	TKS1	0.84	0.29	0.64
	TKS2	0.72	0.48	
	TKS3	0.86	0.26	
	TKS4	0.82	0.33	
	TKS5	0.77	0.41	
拟合优度指标： $\chi^2/df=2.240$；RMSEA=0.062 GFI=0.977; AGFI=0.937; NFI=0.923; CFI=0.956				

由表 4.13 可知，模型的 $\chi^2/df<5$；RMSEA<0.08；GFI、AGFI、NFI 和 CFI 均大于临界值 0.900，因而模型拟合程度良好，无需修订。团队知识共享的 AVE 值为 0.64，大于标准值 0.50，故模型具有较好的收敛效度。由于团队知识共享只有一个维度，故无须进行区分效度检验。

4.8 数据检验

4.8.1 变量的描述性统计和相关性分析

相关分析主要用来检验变量间的关联性强弱，其取值范围介于 -1.00 到 1.00 之间。一般情况下，相关系数的绝对值小于 0.3 为弱相关，0.3—0.8

之间为中相关，0.8—1.0 之间为强相关；但若变量间的相关系数的绝对值大于 0.8 时，可能会存在多重共线性的问题[271]（马国庆，2002）。表 4.14 和 4.15 列出了本书变量的平均值、标准差和相关系数分析数据。

在个体层次上，由表 4.14 可知，个体学习取向分别与个体绩效证明目标取向 (r=0.30, p<0.01)、个体知识共享 (r=0.57, p<0.01) 显著正相关，与个体回避 (r=-0.31, p<0.01) 显著负相关；个体证明取向与个体知识共享 (r=0.33, p<0.01) 显著正相关，而与个体回避取向 (r=-0.04, p>0.05) 相关系数不显著；个体回避取向与个体知识共享 (r=-0.36, p<0.05) 显著负相关。假设 2a、2b、2c 得到验证。

在团队层次上，由表 4.15 可知，团队学习取向分别与团队证明取向 (r=0.41, p<0.01)、团队心理安全 (r=0.30, p<0.01)、团队知识共享 (r=0.65, p<0.01) 显著正相关，与团队回避取向 (r=-0.29, p<0.01) 显著负相关；团队证明取向与分别与团队心理安全 (r=0.39, p<0.01)、团队知识共享 (r=0.26, p<0.01) 显著正相关，而与团队回避取向 (r=0.08, p>0.05) 相关系数不显著；团队回避取向与团队心理安全 (r=-0.02, p<0.01)、团队知识共享 (r=-0.24, p<0.01) 显著负相关；团队信任与团队知识共享 (r=0.57, p<0.01) 存在显著的相关性。假设 3a、3b、3c、4a、4b、4c 获得验证。

上述相关分析结果说明，本书变量间关系基本符合研究假设，且各变量间的相关系数绝对值小于 0.8，可以判定不存在多重共线性问题。然而，相关分析只能说明变量间关联性，并不能揭示变量间的影响关系及影响程度，因此，还需要对变量进行多元回归分析。

4.14 个体层次变量的平均值、标准差和相关系数矩阵

变量	平均值	标准差	1	2	3	4	5	6	7
1. 性别	1.38	0.48							
2. 年龄	2.27	0.79	-0.20*						
3. 工龄	2.28	0.93	-0.24	0.41*					
4. 教育程度	3.18	0.67	0.14	0.03	-0.13				
5. 个体学习取向	4.23	0.58	0.08	0.09	0.07	0.11			
6. 个体证明取向	3.91	0.60	0.02	0.03	-0.02	0.08	0.30**		
7. 个体回避取向	2.48	0.94	-0.27	-0.05	0.02	-0.03	-0.31**	0.04	
8. 个体知识共享	4.02	0.53	-0.04	0.18	0.08	0.05	0.57**	0.33**	-0.36*

注：*p < 0.05，**p < 0.01

4.15 团队层次变量的平均值、标准差和相关系数矩阵

变量	平均值	标准差	1	2	3	4	5	6
1. 团队成立时间	3.53	0.84						
2. 团队学习取向	4.42	0.61	0.07					
3. 团队证明取向	3.92	0.70	-0.17	0.41**				
4. 团队回避取向	2.09	0.74	-0.07	-0.29**	0.08			
5. 团队心理安全	3.86	0.60	-0.13	0.30**	0.39**	-0.02**		
6. 团队信任	4.07	0.51	-0.20	0.34**	0.23**	-0.04**	0.31**	
7 团队知识共享	4.01	0.52	-0.11	0.65**	0.26**	-0.24**	0.55**	0.57**

注：*p < 0.05，**p < 0.01

4.8.2 团队心理安全的中介作用检验——团队层次

本书运用多层次线性模型 HLM 检验团队心理安全在团队目标取向与团队知识共享关系间的中介作用。根据 Mathieu 和 Taylor(2007) 提出检验多层次中介效果的步骤：首先，自变量、因变量须呈显著相关关系；其次，自变量、中介变量须呈显著相关关系；最后，将自变量、中介变量同时置入预测模型中，两者皆须达到显著[272]。本书通过 HLM6.08 构建团队心理安全在团队层次的中介作用模型，结果见表 4.16。由表 4.16 可知，团队学习取向、团队证明取向对团队知识共享产生正向影响 (M1，γ=0.36, p<0.01；γ=0.22, p<0.01)，而团队回避取向对团队知识共享产生负向影响 (M1，γ=-0.03, p<0.01)。且团队心理安全对团队知识共享产生正向影响（M2, γ=0.39, p<0.01）；将团队目标取向与团队心理安全同时放入预测模型中，发现两者对团队知识共享的影响均显著（M3，γ=0.17, 0.11, -0.02, p<0.01；γ=0.30, p<0.01），这说明团队学习目标取向、团队证明目标取向分别通过团队心理安全对团队层次知识共享产生正向影响，而团队回避目标取向通过团队心理安全对团队知识共享产生负向影响。因此，假设 5a、5b、5c 得到验证。

表 4.16　团队心理安全中介效应的多层线性模型分析

变量	团队知识共享		
	M1	M2	M3
截距项	3.63**	3.58**	3.21**
控制变量			
团队规模	0.06	0.04	0.03
团队成立时间	0.04	0.03	0.04

续表

变量	团队知识共享		
	M1	M2	M3
自变量			
团队学习取向	0.36**		0.17**
团队证明取向	0.22**		0.11**
团队回避取向	-0.03**		-0.02**
中介变量			
团队心理安全		0.39**	0.30**
ΔR^2 组内	0.71	0.66	0.82
ΔR^2 组间	0.24	0.35	0.09

注：ΔR^2 表示准决定系数；$* p < 0.05$，$** p < 0.01$

4.8.3 个体知识共享的多层线性分析

为了检验个体目标取向、团队心理安全与个体知识共享的关系，本书采用跨层次研究的方法，建立以下模型：首先，建立零模型 (M1)；其次，考察个体目标取向（个体学习目标取向、个体证明目标取向、个体回避目标取向）对个体知识共享的直接效应 (M2)；再次，考察团队心理安全对个体知识共享的直接效应 (M3)；最后，检验团队心理安全的跨层次调节效应 (M4)。分析结果见表 4.17。由表 4.17 可知，在零模型的方程中，$\rho = \tau_{00} / \tau_{00} + \sigma 2 = 0.45/0.45 + 2.60 = 0.148$，表示个体知识共享的总体变异中 14.8% 是由团队层次的变异引起的，假设 1 得到验证。由 M2 可知，个体学习目标取向、个体证明取向对个体知识共享存在正向显著影响（$\gamma 10 = 0.37, p < 0.01$；$\gamma 10 = 0.24, p < 0.01$），而个体回避取向与个体知识共享存在负向显著影响（$\gamma 10 = -0.05, p < 0.01$ $\gamma_{10} = -0.19, p < 0.01$）。由 M3

可知，团队心理安全对个体知识共享存在跨层次的显著正向影响（γ_{01} = 0.10, p<0.01 γ_{10} = −0.19, p < 0.01），假设 6 得到验证。由 M4 可知，当将个体学习目标取向和团队心理安全交互同时对个体知识共享进行解释时，团队心理安全正向调节个体学习目标取向与个体知识共享之间的关系（γ_{11}=0.14, p<0.01 γ_{10} = −0.19, p < 0.01）；当将个体证明取向和团队心理安全交互同时对个体知识共享进行解释时，团队心理安全正向调节个体证明取向与个体知识共享之间的关系（γ_{11}=0.10, p<0.01 γ_{10} = −0.19, p < 0.01）；当将个体回避取向和团队心理安全交互同时对个体知识共享进行解释时，团队心理安全负向调节个体回避取向与个体知识共享之间的关系（γ_{11}=-0.02, p<0.01 γ_{10} = −0.19, p < 0.01）；假设 7 得到验证。

表 4.17　影响个体知识共享的多层线性模型分析

变量与模型	γ_{00}	γ_{01}	γ_{10}	γ_{11}	σ^2	τ_{00}	τ_{11}
M1：零模型	3.01**				2.60	0.45**	
M2：检验 Level-1 的主效果							
TLO	2.11**		0.37**		2.31	4.41**	0.33
PGO	2.02**		0.24**		2.40	5.01**	0.40
AGO	1.95**		-0.05**		2.23	3.51**	0.22
M3：检验 Level-2 的主效果							
PS	3.41**	0.10**			1.72	2.10**	0.15
M4：检验调节效果							
PS*TLO	1.64**	0.40**	0.21**	0.14**	2.15	4.21**	0.19
PS*PGO	2.21 **	0.31**	0.12**	0.10**	1.83	3.13**	0.21

续表

变量与模型	γ00	γ01	γ10	γ11	σ^2	τoo	τ11
PS*AGO	3.23**	0.22**	-0.03**	-0.02**	2.01	4.10**	0.26

注：* $p < 0.05$，** $p < 0.01$；σ^2 是层 1 的残差；τoo 是层 2 的截距残差；τ11 是层 2 的斜率残差；PS 表示团队心理安全，TLO 表示个体学习目标取向，PGO 表示个体证明绩效取向，AGO 表示个体回避绩效取向

4.8.4 个体层次知识共享与团队层次知识共享关系分析

本书通过对团队中所有成员的知识共享水平加总平均，使个体层次的知识共享上升到团队层次，运用 HLM 6.08 检验个体知识共享与团队知识共享的关系及团队信任的中介效应，分析结果见表 4.18。由表 4.18 可知，个体成员知识共享的加总平均对团队知识共享产生正向影响（M1，γ =0.37，p<0.01），且团队信任对团队知识共享产生正向影响（M2，γ =0.46，p<0.01）；将团队信任与个体知识共享的平均水平同时放入预测模型中，发现两者对团队知识共享的影响均显著（M3，γ =0.27 p<0.01；γ =0.35，p<0.01），证明个体层次知识共享通过团队信任自下而上对团队层次知识共享产生积极影响。因此，假设 8、假设 9 得到验证。

表 4.18　个体知识共享与团队知识共享关系多层次模型分析

变量	团队知识共享		
	M1	M2	M3
截距项	3.70**	2.43**	2.10**
控制变量			
团队规模	0.07	0.06	0.05
团队成立时间	0.06	0.04	0.03

变量	团队知识共享		
	M1	M2	M3
自变量			
个体知识共享 [a]	0.37**		0.27**
中介变量			
团队信任		0.46**	0.35**
ΔR^2 组内	0.72	0.77	0.88
ΔR^2 组间	0.20	0.16	0.09

注：* $p < 0.05$ ，** $p < 0.01$ ；[a] 代表个体成员知识共享的加总平均

4.9　研究小结

本书的主要目的在于探讨目标取向对知识共享的多层次影响机制研究。研究包括三个方面的主要内容：（1）目标取向与知识共享的关系研究，重点关注不同目标取向对知识共享产生的差异影响；（2）团队心理安全在个体和团队层次上的目标取向与知识共享关系上表现出不同行为效应，重点关注团队心理安全在团队层次上的中介效应和个体层次上的跨层次调节效应；（3）个体知识共享的平均水平对团队知识共享的影响过程。表4.19是实证研究的假设验证情况。

表 4.19　研究假设的验证情况

研究假设	验证情况
假设 1：个体知识共享不仅受个体因素影响，而且还会受到团队因素的跨层次影响。	验证
假设 2a：个体学习取向与个体知识共享具有显著的正相关关系。	验证
假设 2b：个体证明取向与个体知识共享具有显著的正相关关系。	验证
假设 2c：个体回避取向与个体知识共享具有显著的正相关关系。	验证
假设 3a：团队学习取向与团队知识共享具有显著的正相关关系。	验证
假设 3b：团队证明取向与团队知识共享具有显著的正相关关系。	验证
假设 3c：团队回避取向与团队知识共享具有显著的负相关关系。	验证
假设 4a：团队学习取向与团队心理安全具有显著的正相关关系。	验证
假设 4b：团队绩效证明取向与团队心理安全具有显著的正相关关系。	验证
假设 4c：团队绩效回避取向与团队心理安全具有显著的负相关关系。	验证
假设 5a：团队心理安全在团队学习取向与团队知识共享的关系中起到中介作用。	验证
假设 5b：团队心理安全在团队证明取向与团队知识共享的关系中起到中介作用。	验证
假设 5c：团队心理安全在团队回避取向与团队知识共享的关系中起到中介作用。	验证
假设 6：团队心理安全对个体知识共享产生显著正向影响。	验证
假设 7：团队心理安全调节个体目标取向与其知识共享之间的关系，即高团队心理安全可以增强个体学习取向与证明取向对个体知识共享的正向影响，减弱个体回避取向对个体知识共享的负向影响。	验证
假设 8：个体知识共享平均水平与团队知识共享具有显著的正相关关系。	验证
假设 9：个体知识共享平均水平通过团队信任自下而上对团队知识共享产生积极影响。	验证

　　本书以研发团队为研究对象，通过网络和现场调查的方式进行数据收集和获取，借助多层次回归分析技术和结构方程模型等方法就目标取

向对团队知识共享的多层次影响机制进行了研究，发现目标取向与知识共享之间存在主效应，个体和团队层次上的学习目标取向和证明取向与知识共享具有显著的正向相关关系，而回避取向与知识共享之间具有显著的负向相关关系。这一方面验证了学习目标取向与知识共享的关系，另一方面也拓展了证明取向与回避取向与知识共享的关系；因为已有研究认为绩效取向与知识共享之间具有显著的负向相关关系[26](Yeh, Lai & Ho, 2006)，而未分别探讨绩效取向的两个维度（证明取向、回避取向）与知识共享的关系。本书将知识共享看成一种效果输出，发现证明取向与知识共享具有正相关关系，而回避取向与知识共享具有负相关关系，拓展了证明取向、回避取向与知识共享的关系研究；同时，这揭示了不同目标取向对知识共享形成的影响。

研究通过多层次回归分析检验了目标取向对知识共享影响的多层次模型，结果表明：团队层次上，学习目标取向、证明取向对团队知识共享有重要的积极影响，而回避取向对团队知识共享有重要的消极影响；且三者均通过团队心理安全对知识共享产生影响。在个体层次上，特征激活理论及情境力量理论认为个体行为 / 行为绩效 / 行为意图的形成是个体与情境共同作用的结果，且情境因素还会对个体行为产生直接的影响；基于此，本书证实个体学习目标取向与证明取向对个体知识共享产生重要的积极影响，而回避取向对个体知识共享产生重要的消极影响；团队心理安全作为重要的情境因素对个体知识共享产生重要的影响，且跨层次调节个体目标取向与个体知识共享的关系，即高团队心理安全可以增强个体学习取向与证明取向对个体知识共享的正向影响，减弱个体回避取向对个体知识共享的负向影响。这深化了对知识共享形成的认识，同时，阐明了团队心理安全在团队和个体层次上的不同行为效应，不仅仅在团队层次上揭示了团队目标取向向团队知识共享转化的关键中介机制，而且在个体层次上揭示了团队层次的团队心理安全影响个体目标取向向个体知识共享转化的跨层次调节作用机制。

另外，研究还采用多层次回归分析技术探讨了个体知识共享对团队知识共享影响过程机制。结果表明：个体知识共享平均水平与团队知识共享具有显著的正相关关系，且通过团队信任自下而上对团队知识共享产生积极影响。这不仅印证了知识共享的跨层次理论所倡导的个体知识共享是团队知识共享的基石，而且解释了个体知识共享向团队知识共享转变的过程机制，拓展了知识共享的跨层次理论，深化了对知识共享形成规律的认识。

在知识共享模型和特征激活理论的基础上，通过上述分析过程，本书构建了目标取向对知识共享影响的多层次模型。然而，最新理论和方法研究认为团队作为一个复杂、多层次系统，其团队输入、过程及输出必然受到时间、任务及情境的多次循环的影响；这意味着由第一阶段的团队目标取向产生的团队知识共享是否会对随后阶段的团队目标取向产生影响？本书的第 5 章内容将重点围绕这个问题展开。

第5章 目标取向与知识共享的动态演化关系研究

5.1 引言

组织知识共享水平的提高在一定程度上取决于团队的结构化任务特征和团队状态，在外部竞争激烈的情境下，团队比个体拥有更多的经验、技能、网络等资源来应对挑战[273](West, 1996)。团队目标取向之所以引起学术界和管理者的关注，主要原因不仅在于其体现出来的团队状态和氛围，更重要的是，团队目标取向与团队知识共享之间存在着密切关联，学者们期望通过团队目标取向相关研究，找到一条提高团队知识共享水平的有效途径[216](Argote & Ingram, 2000)；同时，团队过往绩效以环境因素的形式（如领导方式、管理措施、心理情境、信息反馈等）指导和校正团队成员行为，并通过互动形成个体心理氛围，在交流共享的基础上构成体现团队目标偏好和成就焦点的团队心理氛围，并由此产生了团队状态目标取向[274](Mehta et al.,2009)。按照 ASD （adaptation-selection-development）动态演化理论的观点，团队目标取向的形成和演化是团队进一步发展的前提，而该前提是否能促使团队实现更高水平的知识共享仍是一个悬而未决的命题。深入系统地研究团队目标取向与团队知识共享的动态演化关系是本章的主要内容。

5.2 研究目的

已有研究发现，团队目标取向是影响团队知识共享的重要因素[20,21]（Harris et al., 2005; Vermetten et al., 2001）。随着研究的不断深入，不少学者认识到，探究团队知识共享与相关因素的动态演化关系是一个亟待检验和解决的命题，也是深化团队知识共享理论研究的关键步骤。本章内容在 ASD 动态分析框架理论的指导下，进行多案例追踪研究，探讨团队目标取向与团队知识共享关系的动态演化规律。

5.3 理论基础和动态分析框架

在建构动态分析框架之前，本书首先对相关理论进行系统总结，并厘清其与本书内容间的逻辑关系。

5.3.1 相关理论——ASD 模型

学者 Schneider(1987) 在研究中首次提出了 ASA 模型，即"吸引→选择→退出"模型，认为单一的个体特征或环境条件都不能准确地解释个体态度或行为方式的变化，个体层次、环境层次的因素会对个体行为产生交互影响[201]。几年后，Woodman et al.(1993)、Edwards(1996) 等学者先后提出了体现个体与环境、情境互动关系的"人与环境匹配模型和"以及"人与情境互动"模型[202,203]。学者 Livingstone (1997) 接下来的实证研究进一步说明，人与环境的相互影响关系会对团队行为产生共同影响[204]。

在 ASA 模型的基础上，学者 Wang(2003) 为了研究管理胜任力问题，以动态追踪的形式构建了 ASD 理论模型,用于多阶段人事选拔的考核[205]。在该模型中，A，adaptation，意为适应性；S，selection，是指选择，D，development，意即发展。与此同时，作者认为，人事选拔是一个多阶段的操作过程，因而需要从动态探索三个阶段的演化关系，但是，此 ASD 模型主要针对人事选拔考核的实际操作步骤，所以在理论适用性方面有一定的局限。为了解决适用性难道，Wang 和 Zang(2005) 借鉴了生态系统中各个主体动态演化的研究成果，提出了更具理论推广性的 ASD 分析框架[206]。此 ASD 动态分析框架的主要内容是:"适应→选择→发展"动态模型与生态系统中个体、环境之间的动态博弈、匹配过程高度吻合，且这一过程能够不断重复；起初，个体需要主动适应组织环境、情境（即A，adaption），同时，为了适应环境，个体需要选择适应性强的行为策略（即 S，selection），才能获得进一步发展和提升（即 D，development）；

在获得了发展基础之后，个体能够展现出更为积极的适应状态（即 A，adaption），且在实现第一阶段的适应（即 A，adaption）前提下，个体还会重新审视人与环境的关系并做出下一步选择，呈现循环状态。由此分析可知，基于人与组织匹配角度的 ASD 动态分析框架为本书中目标取向与知识共享的动态演化关系提供可资借鉴的逻辑范式。

5.3.2 动态分析框架的提出

通过第 4 章团队目标取向与团队知识共享的文献综述和理论推演，本书构建了"团队目标取向→团队心理安全→团队知识共享"的框架关系模型，并通过了实证检验。同时，团队研究者普遍认为团队是一个复杂、可调整及动态的系统[275](McCall，2013)。以往研究大多遵循 I-P-O 模型(input-process-output) 研究范式，从静态角度探讨有哪些因素通过过程变量影响团队输出；这种单向因果关系模式忽略了团队工作中反馈的积极效应对下一阶段团队输入的正向影响，因而静态的 I-P-O 范式难以发掘团队动态的真实过程和深层含义。在此背景下，Kozlowski 等 (1999) 研究认为团队输入、过程及输出在团队中以相互因果的方式运行，即团队输出在一定程度上会影响随后阶段的输入[162]。随后，学者 Marks(2001)提出了重现阶段模型 (recurring phase model)，认为在现实的团队工作情境下，I-P-O 模型会循环往复，上一阶段的结果变量是下一阶段的前因变量[276]。基于 I-P-O 模型无法支持变量间的相互影响或动态关系研究，Ilgen 等 (2005) 认为团队研究有必要从 I-P-O 模式升级到可操作的 IMOI 范式，用 M 代替 P 反映中介 (mediators) 或缓冲 (moderators) 因素，增加 I 则是为了形成团队动态的循环关系，意味着上一阶段的团队输出会对下一阶段的团队输入产生影响[277]。由此可见，现有研究无法真正地探讨两者之间的因果关系。

本书尝试引入 ASD 动态分析框架。结合第 4 章的目标取向对知识共享影响的多层次静态关系模型，本书提出了"团队目标取向→团队心理安全→团队知识共享→下一阶段团队目标取向"的动态演化分析模型，如图 5.1 所示。

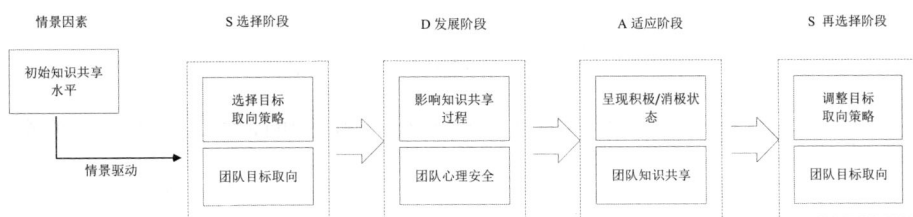

图 5.1　动态演化分析模型

图 5.1 即为"团队目标取向作用于团队知识共享动态演化分析模型"核心推演过程，可分解为以下五个环节：

（1）初始团队知识共享水平的驱动作用

过往团队表现往往会造成一种制约当前和未来决策与行动的心理情境或环境线索[190]（卫旭华和刘咏梅，2014）；"人—情境"互动理论强调情境因素对个体和群体心理及行为的促进或抑制作用。同时，Douma et al.(2000) 提出了"动态角度下的匹配"，他们发现以往的研究中匹配是静态的，而实践中团队环境是动态变化的，随着环境的变化原本匹配的状态可能会变得不匹配，因此要考查动态匹配的过程[278]。因此，本书认为初始阶段知识共享作为环境因素，与个体选择的动态匹配，影响下一阶段的行为，进而影响个人、团队层次的交互过程。同时，在本书的动态分析框架中，初始阶段团队知识共享水平是影响团队目标取向与团队知识共享动态关系的情境驱动因素。

（2）选择阶段

在选择阶段，为了更好地匹配环境，团队首先会分析情境变化并选择适当的目标取向策略。当初始状态的团队知识共享水平较高时，具有学习目标取向的团队为了适应环境变化，会增强团队学习氛围，夯实学习取向；具有证明取向的团队同样也会增强团队的外部评价，进而增强团队证明取向；然而，具有回避取向的团队为了匹配环境，团队成员会接受有挑战性的任务，不再害怕失败和较差的外部评价，从而降低了团队回避取向；相反，当初始团队知识共享较低时，具有学习取向或者证明取向的团队为了匹配环境，可能会选择较低的学习取向或者证明取向；但具有回避取向的团队则会选择较高的回避取向，因为，他们更害怕较差的团队知识共享所带来的较差外部评价和风险。

（3）发展阶段

团队成员在选择阶段的重新选择，会对目标取向形成影响并成为下一阶段的前因变量；当进入发展阶段后，重新形成的目标取向会对团队心理安全这一中介变量产生提高或降低等两个方向的效果。若当前目标取向有利于提升团队心理安全水平，受此影响，结果变量"知识共享"也会得到提升，即进入了"发展状态"这一阶段。

（4）适应阶段

经过一段时间的"发展状态"之后，团队成员的心理状态变得更加积极，即又适应了当前情境。经过一段时间的适应之后，目标取向又会得到重新修正，又进"再发展状态"，最终会对团队知识共享产生积极影响。

（5）再选择阶段

经过第一阶段的选择、发展、适应之后，团队知识共享水平、团队心理、团队信任得到提升，各团队成员会对环境进行重新评估，进而根据新的情境线索做出下一阶段的"选择"，进入新一轮循环。

在梳理前人研究成果的基础上，本书所提出的动态演化分析模型只是在前人基础上的理论推演，具有探索尝试性质。本章主要工作包括引入典型案例验证 ASD 动态分析框架，并归纳每个过程的重要特征。

5.4　研究方法

在研究"怎么样"（how）和"为什么"（why）这两类问题时，管理学者倾向于使用案例研究方法 [279]（Yin, 1994）。本书采用单案例研究，在单案例中引入多个分析单元，即具有不同目标取向的团队，以便对照分析。首先，本书主要研究个体及团队在动态情境下的目标选择对团队知识共享的影响过程，属于"怎么样"（how）的范畴，且二者间的演化结构，是一个循环往复动态发展的过程，适合运用案例进行分析。其次，单案例适合做长时间的追踪研究，进而对某种现象或问题进行更深入更全面的描述和思考，有助于发掘这一现象背后真实有效的机制 [280]（Eisenhardt, 1989），进而归纳出解释这一现象理论 [281]（Eisenhardt & Graebner, 2007）。最后，在重复性逻辑的指导下，本书在单案例中引入了具有不同初始目标取向的分析单元，从而使建立的理论更加全面丰富有针对性[282]（Eisenhardt, 1991）。

（1）探索性案例研究

学术界常用的案例研究可以分为三种类型：解释性案例研究、描述性案例研究与探索性案例研究，研究目的各不相同[280]（Eisenhardt, 1989）。其中，探索性案例研究着眼于理论创造，往往会撇开当前的理论范式，或者当前理论不能完全满足研究需要，因而寻求新的角度、方法和框架来探索某种现象，从而构建新的理论范式。探索过程中，并不需要有明确的研究假设，只需构建大致的分析框架即可，因而更适合开拓性的问题研究。本书是对团队目标取向与团队知识共享之间的动态演化关系进行探讨，尚缺乏明确的文献和理论依据，故本书拟采用探索性案例研究揭示两者的动态演化关系。

（2）纵向案例研究

按照案例研究的时间序列特点，有纵向案例研究和横向案例研究两类。纵向案例是指在两个或两个以上的不同时间点考察同一研究对象，揭示现象背后所隐含的动力过程机制，探讨变量间的因果关系。因此，团队目标取向与团队知识共享的动态演化过程更适合用纵向案例研究来考察。

5.4.1 研究设计原则

为保证研究的效度及信度，本书参照 Yin（2002）提出的研究范式[283]，首先搜集一手、二手数据，建立三角互证链条，深入分析现象的因果关系和发生机制，形成初始结论，再通过少数子案例的重复研究，检验初始结论的适用性，这样就能基本保证本案例研究的信度及内、外部效度符合要求，具体策略如表 5.1 所示。

表5.1　案例设计策略

信度效度指标	具体策略方法	策略发生阶段
信度	构建案例研究草案 建立案例研究资料库：确保重复研究结论的统一 检验归类一致性指数和分析者信度	研究设计 数据收集 数据分析
构念效度	多个来源的证据：一二手数据相结合 构建证据链：关键词、引用词等 报告核实：由企业相关人员阅审	数据收集 数据撰写
内在效度	模式匹配：概念模型与研究结论相匹配 分析与之相对立的竞争性解释	数据分析
外在效度	理论指导本案例研究 多个子单元的重复研究	研究设计

5.4.2 案例选择

本书按照典型性原则 [284]（ Patton, 1987 ），选取中国一汽集团作为案例研究对象，在抽样理论的指导下，选取生产技术部下辖的三个知识技术团队进行分析。

一汽符合本书案例要求：首先，该企业研发能力领跑行业，整车制造工艺在全球范围内领先，国内十佳合资企业，并连续被评为最受消费者喜爱的品牌。同时，一汽集团鼓励知识和技能的获取，倡导知识共享，这与我们研究的主题高度契合。其次，在一汽集团里，团队是重要的任务支撑点，各种团建活动多，这与我们研究主题考虑情境影响的要求相符合；第三，本书作者和其导师长期致力于知识治理的研究，曾与一汽集团有过数次合作；同时，一汽集团有多名高管参加作者高校的 EMBA

和 MBA 课程，因而研究团队与一汽集团存在良好的校企合作关系，这为本书调研、采集数据提供了方便。

生产技术部下辖的 3 个团队符合本书对团队研究的要求：首先，这 3 个团队是研发团队，对知识、技术的背景要求较高，工作需要高度的协作，其中包括知识的交流，有代表性；其次，这 3 个团队的成立时间较长，成员相对固定，工作性质变化不大，利于动态观察、追踪数据；最后，3 位团队负责人均获得管理学硕士以上学位，熟悉管理学研究范式，且具有良好的沟通能力，这有利于合作交流，从而可以获得全面准确的数据。

5.4.3 数据收集与分析

1. 研究数据来源及获取方式

为了给研究主题提供更准确、更充分的解释，案例研究的数据可以通过不同渠道获得，其收集方法包括：直接观察、参与观察，访谈、问卷，文件、档案记录等，其主要目的在于[285]（Jick, 1979）。实际研究过程中，学术界建议采用"三角验证法"收集数据 (Patton，2005)。所谓"三角验证法"，是指从不同的证据来源、同一资料的不同维度、各种不同的分析方法、由不同的评估员对证据比较分析，互相验证，以保证研究的信度符合要求[286]。为增强研究结论的可靠性、准确性，根据研究需要，本书拟采用多来源、多层次"三角验证"数据收集分析方式。

2. 数据分析

为了对研究主题提供更可靠、更准确的解释，案例研究的主要内容是获得调查访谈数据和档案数据并进行"多方验证"[285]（Jick, 1979），本书参考 Patton（2005）提倡的"三角验证法"，从不同证据来源，由不同研究员对各种证据进行交叉验证分析，以保证研究的信度符合要求。本书数据采集与相应分析如下：

（1）登录一汽集团网站浏览，与一汽资深员工深入交流，获得一汽的基础企业资料，涉及历史沿革、经营效益、文化氛围等内容。

（2）对研究对象团队成员进行深度访谈，获取他们的个人信息，准确了解每位成员的目标取向；还要同时了解每位成员所感受到的团队氛围情况以及团队知识共享水平。这项工作有利于区分不同目标取向的团队以及各自的知识共享水平，为探讨变量之间的关系做好准备。

（3）对研究对象团队主管进行深度访谈，获取各个团队的背景信息，了解各团队目标取向及近年来的变动情况，了解哪些因素影响了各团队知识共享及其在近年的变化情况；了解各团队的目标取向与其团队知识共享水平间是否存在动态影响关系，作用过程是如何进行的？

5.5 追踪案例分析

5.5.1 案例团队

为了区分 3 个团队的不同，作者了解了 A、B、C 团队的背景信息，介绍如下：A 团队于 2010 年 7 月成立，组成人员主要包括负责整车试验的技术人员，主要工作是负责协调安排整车试验，对试验中出现的问题进行分析和跟踪，促进零件质量的改进和认可；B 团队于 2009 年 1 月成立，组成人员主要包括负责车头制作的技术人员，其主要工作职责是协调标准车头的生产和优化，为产品开发和流水线装车提供技术支持。C 团队于 2012 年 3 月成立，组成人员主要包括一汽集团的项目管理者，其主要工作职责是审核生产制造技术部门申报的项目。

由于本次案例研究的目标是考察团队目标取向与团队知识共享的动态演化关系，这需要团队有 5 年以上的运作历史，而运行时间 2 年以内的话，团队知识共享难以有效形成，遑论追踪研究。本书选择的 A、B、C 团队运行时间均超过 6 年，且都经历了发展壮大稳定的过程，各团队主管、成员对本团队的氛围、知识共享情况都有深刻的体验。由于本书目标取向变量分为学习目标取向、证明目标取向与回避目标取向，因此，本书选择的 3 个案例团队必须要有足够的变异度，以分别探讨 3 个维度的目标取向与知识共享间动态演化结构。在本书选择的案例团队中，A 团队成员、主管能够感知到浓厚的学习氛围，整体表现了团队学习目标取向；B 团队成员、主管更加重视团队的外部评价，整体表现了团队证明目标取向；C 团队成员、主管更加倾向于规避风险，避免较差的外部评价，整体表现了回避目标取向。由此可知，本书选择的 3 个案例团队具有代表性。

5.5.2 ASD 动态演化过程逻辑分析

对于某些呈现出"原因—结果—原因"循环往复特征的事件或概念，用逻辑模型分析可以考察其在一定时期内精确而复杂的因果反应关系。由此，本书先采用逻辑分析方法，考察团队目标取向与团队知识共享之间的动态变化关系。具体过程如下：

（1）持有学习目标取向的 A 团队 ASD 动态演化过程

关于 A 团队的案例追踪研究，共有 3 次数据采集时点。第 1 次数据采集（2017 年 8 月），主要了解团队基础信息、初始阶段的团队学习目标取向（S1）、初始阶段的团队心理安全水平（D1）；第 2 次数据采集（2017 年 11 月），主要测量初始阶段的团队知识共享水平（A1）；第 3 次数据采集（2018 年 3 月），主要了解随后阶段的团队知识共享水平（A2）、团队学习目标取向（S2）以及团队心理安全水平（D2）。图 5.2 显示了 A 团队的动态演化路径。

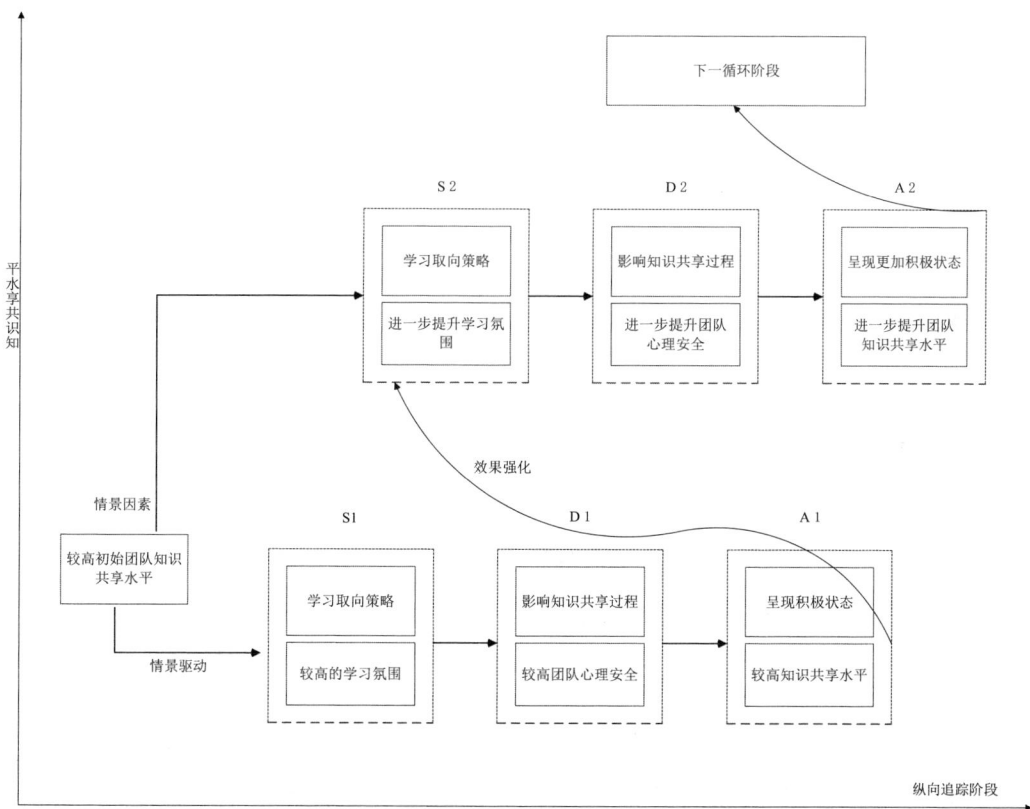

图 5.2　A 团队 ASD 动态演化路径示意

①初始循环阶段（主分析单元）

A 团队主要负责协调安排整车试验工作，对试验中出现的问题进行分析和跟踪，促进零件质量的改进和认可。图 5.2 显示，A 团队的初始团队知识共享水平较高，意味着在运行过程中，团队内部经常围绕重点难点技术难题进行分享讨论，提出改进建议，团队、个人知识在成员间流动较为频繁畅通。该阶段，大多数团队成员都比较了解自己所处的团队氛围环境，并顺着"情境感知触发行为"的反应模式，确定契合初始团队知识共水平的目标取向策略。鉴于 A 团队有较高团队知识共享水平，说明团队成员对当前问题讨论积极，善于通过知识协作进行问题解决，提升了团队间的相互学习，促使团队成员为了适应环境选择学习目标取向，在团队内营造较为浓厚的学习氛围环境。

在初始采集中，除了访谈，作者也借助于调查问卷测量了 A 团队整体的团队心理安全水平，均值为 3.87。这表明较高的初始团队知识共享水平，浓厚的学习氛围更能匹配知识共享，带动团队的学习目标取向，获得成员对团队氛围的认可，敢于发表意见和承担责任，强化了团队成员间的交流和合作，最终促进了知识共享水平的提升。

作者在第 2 次采集数据时，通过源于知识共享量表的问卷调查，了解初始阶段 A 团队的知识共享水平（A1）。数据显示，初始阶段 A 团队的知识共享水平均值为 4.03，处于较高水平。结果表明，发展条件具备之后，整个团队呈现出积极、共享的状态，即进入了模型中的适应阶段；这个过程中，团队层次知识共享水平呈上升状态。

②随后循环阶段（主分析单元）

作者在第 3 次采集数据时，通过问卷打分的形式，测量第 2 次循环过程中 A 团队的学习目标取向水平（S2）、团队心理安全水平（D2）。

根据前文 ASD 动态演化模型，团队环境和成员行为的交互影响处于动态变化中，在实现初始阶段的"适应"（A1）后，各成员会重新评估环境状态，然后以此为线索，进行下一阶段的决策选择。即实现初始阶段的"适应"之后，团队成员会调整学习目标取向策略，进入 S2 阶段。由于在高水平团队知识共享氛围下团队成员会产生较高的获得感，进而对持有学习目标取向的团队带来积极效应，因而在"正强化"原则作用下，团队内多数成员会依据持续增强学习目标取向策略。

由于大多数成员选择了增强学习目标取向策略，接下来整个团队更易于营造积极的学习氛围，各成员更容易获取更多的知识、技能；在随后的工作中，各成员会利用更多的知识、技能完成现有的任务，提出新思想、新方法，加强了团队成员间的合作、交流，减少了戒备心、紧张感，也就提升了团队心理安全水平。此阶段测得团队心理安全值为 3.95。当随后循环阶段运行到 A2 时，随着团队心理安全水平的提高，团队知识共享水平也相应上升，测得均值为 4.06。结果显示，当动态循环进入下一阶段时，较高的团队知识共享水平会使持续提升团队学习目标取向水平，并提升团队心理安全水平，最终反过来会提升团队知识共享水平。

③随后阶段效果强化解析（次分析单元）

上述动态过程显示：初始阶段较高的团队学习目标取向水平会促进团队知识共享水平的提升；进入随后阶段后，团队学习目标取向水平的持续增强会进一步促进团队知识共享。那么，此过程中效果强化的机理是什么？

学者 Gilbert 和 Gordey-Hayes(1996) 研究认为知识共享不是静态自然

发生的，它必须经由不断地动态学习交流才能达成目标^[287]。然而已有研究聚焦于学习目标取向与知识共享的关系研究，认为学习目标取向与知识共享之间存在正向相关关系，这是一种静态研究，忽略了团队知识共享与团队学习取向之间的反转效应，即团队学习目标取向与团队知识共享水平的动态演化关系。对于此，本书作者对 A 团队主管、成员进行了深度访谈，他们表示：

我们团队取得了较好的工作业绩，包括团队知识共享水平，这会在实现我们个人价值目标的同时，激发我们的工作成就感，我们又会持续强这种学习目标取向，维持并不断改善积极的学习氛围；笼罩在这种氛围里，大家会踊跃交流和讨论，努力去掌握新的技能和知识，对工作提出新的建议和点子，并且敢于在这种氛围中提出不同的意见，最终进一步提升我们的工作绩效。

作为团队里的一名老员工，期盼团队发展得越来越好；当团队接受一项新的任务时，我们会进行交流和讨论，并多次开会讨论；在会议中，我们大多数人敢于发言，敢于提出自己的建议；同时我们也会相互鼓励；接下来，我们会总结，并加强学习，强化知识的交流和获取，以便对问题提出更好的解决办法和思路。

结合上述动态分析，本书认为，较高的团队学习目标取向会提升团队知识共享水平，原因在于，较高的学习目标取向水平下，团队主管及成员不仅能营造维持浓厚的学习氛围，鼓励提倡知识学习、分享行为，还能加强成员间的交流、合作，减少戒备心、紧张感，也就提升了团队层次的知识共享水平。相反，初始阶段团队层次的知识共享水平较低时，会影响成员的交流、合作，无法对知识进行整合，最终导致任务无法完成；此种情况下，成员的积极性受到压制，不得不降低学习目标取向水平，从而导致整体团队学习目标取向水平降低。而团队学习目标取向的降低又会减少各成员知识的获取、交流，同时降低了团队心理安全水平，最终不利于团队层次的知识共享水平的提升。接下来，团队层次知识共享水平的降低会导致各成员进一步降低其学习目标取向水平，导致整体团队学习目标取向水平降低，进而更加不利于团队心理安全的提高，最终对随后阶段的团队层次的知识共享产生不利后果。

（2）持有证明目标取向的 B 团队 ASD 演化分析

作者在追踪研究 B 团队的过程中，共采集了 3 次数据。第 1 次采集数据（2017 年 8 月），为了获取团队基本信息、初始团队证明目标取向（S1）、初始团队心理安全水平（D1）；第 2 次数据采集（2017 年 11 月），主要测量初始阶段的团队知识共享水平数据（A1）；第 3 次数据采集（2018 年 3 月），主要了解随后阶段的团队证明目标取向（S2）、团队心理安全水平（D2）以及团队层次知识共享水平（A2）。图 5.3 揭示了 B 团队动态演化路径。

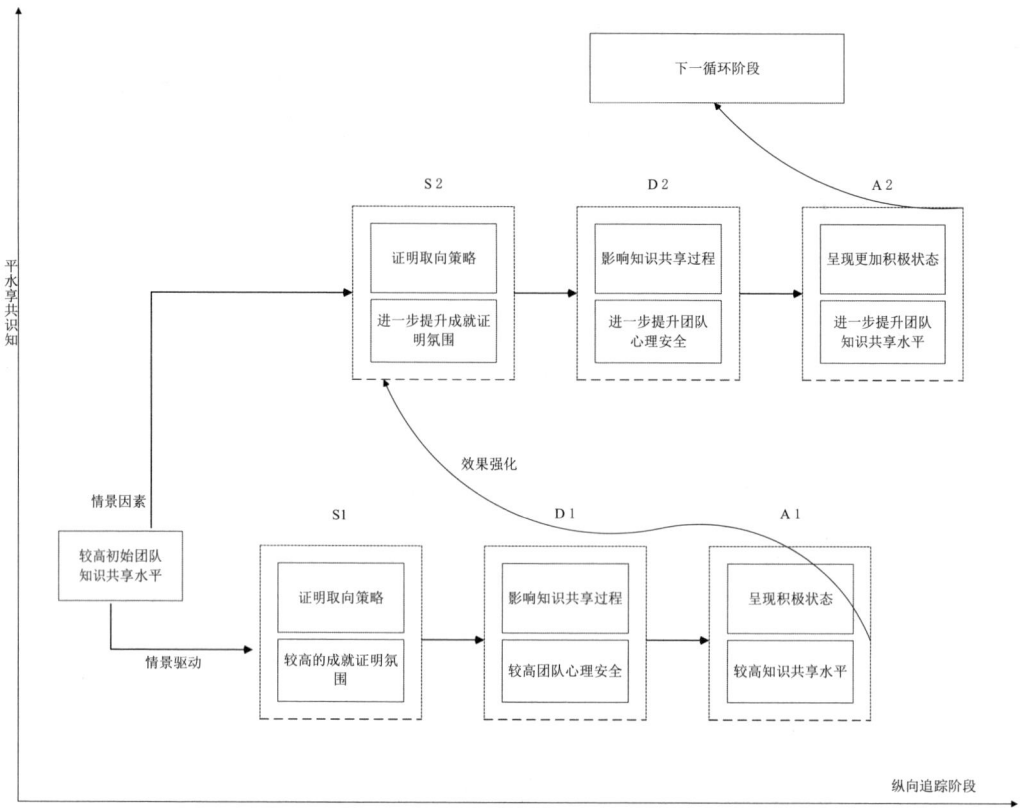

图 5.3 B 团队 ASD 动态演化路径示意

①初始循环阶段（主分析单元）

B 团队的成员负责协调标准车头的制作和优化，为产品开发和流水线装车提供技术支持。图 5.3 显示，初始阶段 B 团队的知识共享水平较高，说明 B 团队在日常运行中，各成员对工作中碰到的问题经常进行讨论交流，知识和信息流动在团队内比较畅通。该阶段，团队内的大多数成员会感知理解所处的氛围环境，并顺着"情境感知触发行为"的反应模式，确定契合初始团队知识共享水平的目标取向策略。B 团队的成员、主管更加重视团队的外部评价，整体表现了团队证明目标取向；此时，B 团队的较高知识共享水平反映了团队成员通过知识交流和合作对当前问题进行讨论，并提出新颖的解决方式，促使团队成员选择合适的证明目标取向策略以适应环境，营造并维持浓厚的成就证明氛围。

作者在首次访谈的过程，借助问卷调查，获取了 B 团队整体的团队心理安全水平，均值为 3.76。这表明较高的初始团队知识共享水平，浓厚的成就证明氛围更能匹配知识共享，带动团队的证明目标取向，团队成员对为了获得外部较好的评价，会强化团队成员间的交流和合作，对任务和目标敢于提出新的问题，带动团队心理安全水平升高，并最终提升了团队层次的知识共享水平。

作者在第 2 次采集数据时，通过源于知识共享量表的问卷调查，了解初始阶段 B 团队的知识共享水平（A1）。数据显示，初始阶段 B 团队的知识共享水平均值为 3.89，处于较高水平。结果表明，发展条件具备之后，整个团队呈现出积极、共享的状态，即进入了模型中的适应阶段；这个过程中，团队层次知识共享水平呈上升状态。

②随后循环阶段（主分析单元）

作者在第 3 次采集数据时，通过问卷打分的形式，测量第 2 次循环过程中 B 团队的学习目标取向水平（S2）、团队心理安全水平（D2）。

根据前文 ASD 动态演化模型，团队环境和成员行为的交互影响处于动态变化中，在实现初始阶段的"适应"（A1）后，各成员会重新评估环境状态，然后以此为线索，进行下一阶段的决策选择。即实现初始阶段的"适应"之后，团队成员会调整证明目标取向策略，进入 S2 阶段。由于在高水平团队知识共享氛围下团队成员会产生较高的成就感，进而对持有证明目标取向的团队带来积极效应，因而在"正强化"原则作用下，团队内多数成员会依据持续增强证明目标取向策略。

由于大多数成员选择了增强证明目标取向策略，接下来整个团队更易于营造积极的成就证明氛围，激励团队成员的工作积极性；在此基础上，团队成员通过努力工作和与其他成员间展开交流和合作，进而共同对现有的任务、策略等提出新的解决办法，提升了团队心理安全。在此阶段，团队心理安全的均值为 3.89。当随后循环阶段运行到 A2 时，随着团队心理安全水平的提升，团队层次知识共享水平测量值相应提高，测得均值为 3.94。结果显示，当动态循环进入下一阶段时，较高的团队知识共享水平会使持续提升团队证明目标取向水平，并提升团队心理安全水平，最终反过来会提升团队知识共享水平。

③随后阶段效果强化解析（次分析单元）

上述动态过程显示：初始阶段较高的团队证明目标取向水平会促进团队知识共享水平的提升；进入随后阶段后，团队证明目标取向水平的持续增强会进一步促进团队知识共享。那么，此过程中效果强化的机理是什么？

目标取向影响个体 / 团队对情境的解释，是与成就相关信息的反映[19] (Dweck & Legett, 1988)，同时这种影响是持续和动态的。同时，团队过往绩效作为环境线索，对成员行为有引导作用，互相交流、分享进而形成个体 / 团队层次的心理氛围，在共享的基础上构成关于团队目标偏好和成就焦点的团队层次心理氛围。这意味着为了获得更多的外部较好评价，团队成员间会持续增强知识和信息在团队中的流动和合作，进而提升知识共享水平。然而，现有研究忽视了团队层次知识共享水平与团队证明目标取向之间的反转效应。对于此，本书作者对 B 团队主管、成员进行了深度访谈，他们表示：

　　我们团队总是与其他团队进行比较，总想在成绩做头名，这就要求我们努力工作，甚至加班加点；有时候，我们要经常开会讨论，鼓励大家畅所欲言，不要害怕提出错误问题；只有这样，我们才能整合团队成员间的知识，找到解决问题的最优策略，才能做得比其他团队要好，甚至能得到其他团队的称赞，这是我们骄傲的地方。

　　在我们团队里，我们之间也会进行比较，总想超出他人很多，想得到更多的赞扬；尤其是我们女孩子，不希望做一个"花瓶"，而是要做一个女强人；因此，我们需要努力地工作，甚至要比别人付出更多的努力；同时，我们愿意与更多的人交流和沟通，学习他人的优点，弥补自己的缺点，从而从同事那里获得更多的知识和信息；在开会中，提出更好的问题解决办法，进而获得主管和同事的认可，共同完成好任务。我们团队完成任务之后，发现其他团队也在积极工作，这样你追我赶，我们的工作表现越来越好，在这种情况下，我们团队在整个企业中也得到了认可和赞扬。

　　结合上述动态分析，本书认为，较高的团队证明目标取向会提升团队知识共享水平，原因在于，较高的证明目标取向水平下，团队主管及成员不仅能营造维持浓厚的成就证明氛围，鼓励成员的工作积极性，还能加强成员间的交流、合作，减少戒备心、紧张感，也就提升了团队层次的知识共享水平。相反，初始阶段团队层次的知识共享水平较低时，会带来较差的外部评价，也不利于证明团队自身的价值，必然会打击团队的士气，最终导致任务无法完成；此种情况下，成员的积极性受到压制，不得不降低证明目标取向水平，从而导致整体团队证明目标取向水平降低。而团队证明目标取向的降低又会减少各成员知识的获取、交流，同时降低了团队心理安全水平，最终不利于团队层次的知识共享水平的提

升。接下来，团队层次知识共享水平的降低会导致各成员进一步降低其
学习目标取向水平，导致整体团队学习目标取向水平降低，进而更加不
利于团队心理安全的提高，最终对随后阶段的团队层次的知识共享产生
不利后果。

（3）持有回避目标取向的 C 团队 ASD 演化分析

针对 C 团队的案例追踪研究，共有 3 次数据采集时点。第 1 次数据
采集（2017 年 8 月），获取团队基本信息、初始团队回避目标取向（S1）、
初始团队心理安全水平（D1）；第 2 次数据采集（2017 年 11 月），测量
初始阶段的团队层次知识共享水平（A1）；第 3 次数据采集（2018 年 4
月），了解随后阶段的团队回避目标取向（S2）、团队心理安全水平（D2）
及团队层次知识共享水平（A2）。图 5.4 所示示意了 C 团队的动态演化
路径。

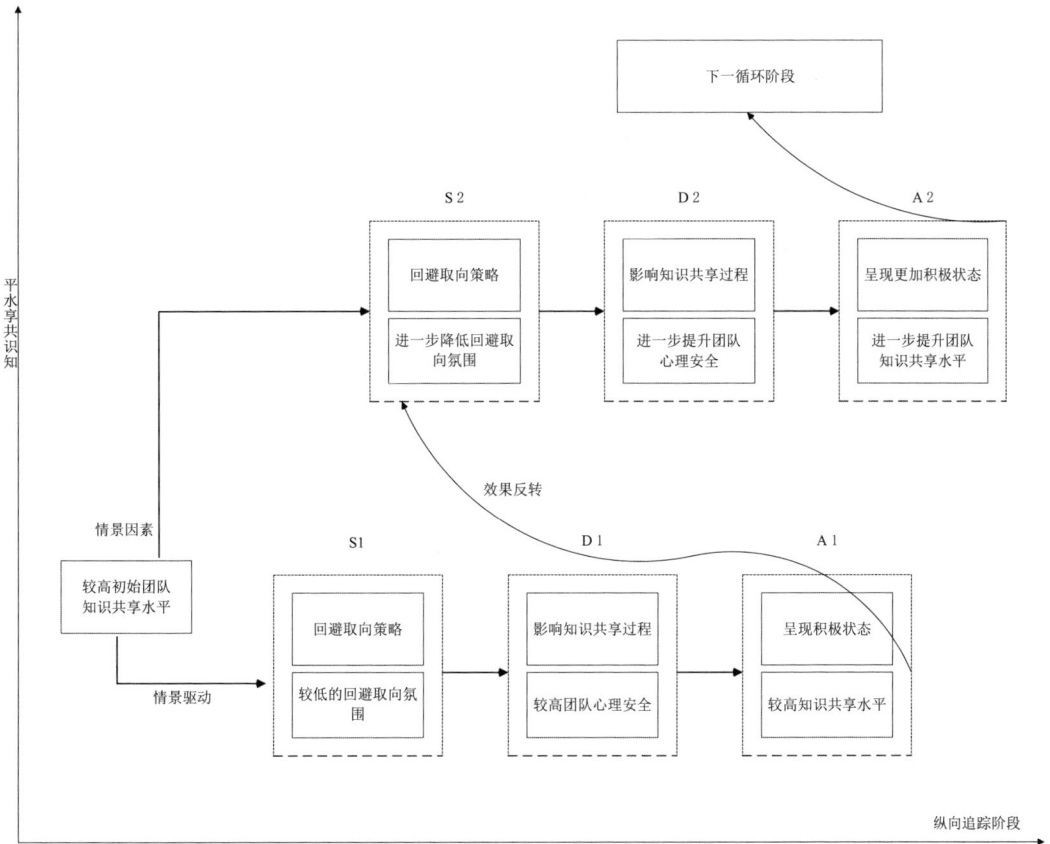

图 5.4　C 团队 ASD 动态演化路径示意

①初始循环阶段（主分析单元）

C 团队负责生产制造技术部门的项目审核。图 5.4 显示，C 团队具有较高的初始知识共享水平，说明在团队运行中，各成员对项目审核方面提出了新的想法和建议，团队知识在团队成员之间流动频繁。该阶段，团队内的大多数成员会感知理解所处的氛围环境，并顺着"情境感知触发行为"的反应模式，确定契合初始团队知识共水平的目标取向策略。C 团队的成员、主管更加倾向于规避风险，避免较差的外部评价。此时，C

团队的较高团队知识共享水平反映了团队成员通过知识的获取和交流对当前问题进行讨论，并提出新颖的解决方式；这有利于营造较高的成就感，触发团队成员敢于接受挑战，降低了团队回避取向水平。

作者在首次访谈的过程中，借助调查问卷测得了 C 团队的团队心理安全水平，均值为 3.76。这表明较高水平的初始团队层次知识共享会降低团队回避目标取向，以便与知识共享行为相匹配；原因在于，第一，较低的回避取向氛围有利于团队成员敢于接受外部挑战和机会，充分利用团队知识对项目管理中存在的问题进行讨论和分析，并提出新的解决思路和想法；第二，较低的回避取向可能会营造良好的心理安全氛围，这保证团队成员不必担心接受挑战失败而受批评和责罚的风险，有利于提高团队成员的工作积极性和参与感。这会增加成员间的交流和合作，反思任务、目标及完成方式，带动团队心理安全水平升高，并最终提升了团队层次的知识共享水平。

作者在第 2 次采集数据时，通过源于知识共享量表的问卷调查，了解初始阶段 C 团队的知识共享水平（A1）。数据显示，初始阶段 C 团队的知识共享水平均值为 3.58，处于中偏上水平。结果表明，发展条件具备之后，整个团队呈现出积极、共享的状态，即进入了模型中的适应阶段；这个过程中，团队层次知识共享水平呈上升状态。

②随后循环阶段（主分析单元）

作者在第 3 次采集数据时，通过问卷打分的形式，测量第 2 次循环过程中 C 团队的学习目标取向水平（S2）、团队心理安全水平（D2）。

根据前文 ASD 动态演化模型，团队环境和成员行为的交互影响处于动态变化中，在实现初始阶段的"适应"（A1）后，各成员会重新评估环境状态，然后以此为线索，进行下一阶段的决策选择。即实现初始阶段的"适应"之后，团队成员会调整回避目标取向策略，进入 S2 阶段。由于在高水平团队知识共享氛围下团队成员会产生较高的满足感，这会鼓励团队成员接受更有挑战性的任务，并与其他成员之间进行交流和合作；因而，团队内大多数成员会继续降低回避目标取向策略。该阶段，较高的团队层次知识共享水平带来了较低的团队回避目标取向水平，产生了效果反转。

由于团队内多数成员持续降低回避取向策略，有利于营造积极的团队心理安全氛围，鼓励团队成员敢于接受挑战，不害怕较差的外部评价；在此基础上，团队成员通过努力工作和与其他成员间展开交流和合作，进而增强了对现有的任务、策略等进行反思，敢于提出新的问题解决方案，提升了团队心理安全氛围。该阶段，团队心理安全的均值为 3.87。当随后循环阶段运行到 A2 时，随着团队心理安全水平的提高，团队层次知识共享水平测量值也升高到 3.68。结果显示，当循环进入下一阶段后，较高水平的团队层次知识共享会降低团队回避目标取向水平，带动团队心理安全水平升高，并最终促进了团队知识共享水平的提高。

③随后阶段效果强化解析（次分析单元）

上述动态分析显示：较高的初始团队知识共享水平会降低团队回避目标取向水平；进入随后阶段，不断下降的团队回避目标取向水平会反过来推升团队知识共享水平。那么，初始阶段的较高的团队知识共享水平为什么会导致随后阶段的团队回避目标取向水平的降低，发生了效果反转？

目标取向影响个体／团队对情境的解释，是对与成就相关信息的反映[19](Dweck & Legett, 1988)，同时这种影响是持续和动态的。团队过往绩效作为环境线索，对成员行为有引导作用，通过感知、理解、交流形成个体和团队心理氛围，在共享的基础上形成关于团队目标偏好和成就焦点的团队心理氛围[190](卫旭华和刘咏梅，2014)。对于回避取向的团队而言，团队过往知识共享水平越高，越会增加各成员的知识拥有量，并提高团队成员的知识技术能力，进而会打破回避取向所持有的"能力和知识不变的"观念，这会降低团队回避取向。但现有研究忽视了团队层次知识共享与团队回避目标取向之间的反转效应，即团队回避目标取向与团队知识共享水平的动态演化关系。对于此，本书作者对 C 团队的主管、成员进行了深度访谈，他们认为：

在我们团队里，大部分害怕承担责任，因此，我们尽量避免接受任务，即使接受任务我们也会相互推卸责任；但是，当团队获得较好的成绩或评价时，我们会很高兴；接下来，我们大部分人不再害怕接受任务，不再逃避；我认为这种转变关键是有一个好的环境，能帮助我们营造好的氛围。

结合上述动态分析，本书认为，较低的团队回避目标取向会提升团队知识共享水平，原因在于，较低的回避目标取向水平下，团队主管及成员不仅能营造维持浓厚的心理安全氛围，鼓励团队成员对当前任务和策略的讨论和交流，还会增强团队成员对外部较差评价的承受能力，进而敢于接受挑战性的任务，最终反过来推高团队知识共享水平。相反，初始阶段团队层次的知识共享水平较低时，会带来较差的外部评价，阻碍成员对任务和策略的反思，导致较低的团队层次知识共享水平。此种情况下，团队成员的回避目标取向会强化提升，带动团队层次的回避取向被动提高，这会降低团队心理安全水平，最终会对随后阶段的团队层次的知识共享产生不利后果。

5.6　结论分析

本章在 ASD 动态分析模型框架内，借助逻辑分析，探讨了团队目标取向与团队层次知识共享的动态演化关系。主要研究结论与现有文献比较如下：

（1）当初始团队知识共享水平较高时，以此作为情境线索，初始团队学习目标取向与初始团队证明目标取向都会变高，团队心理安全水平也会相应提高，随后又使团队知识共享水平进一步提高。接着，在随后阶段，团队学习目标取向与证明目标取向由于团队知识共享水平的升高而升高，并通过团队心理安全对团队层次知识共享产生更积极的影响。这不仅验证了学习取向与知识共享的正相关关系 [210](Kankanhalli et al., 2005)，而且符合知识共享不是静态自然发生的，而是必须不断动态地学习才能实现的已有研究结论 [287](Gilbert & Gordey-Hayes, 1996)。

（2）对回避目标取向的团队而言，在初始团队知识共享水平较高的团队中，受其情境线索的影响，初期的团队回避目标取向会降低，有利于团队成员接受挑战性强的任务，并积极对任务和决策进行交流和讨论，进而有利于团队心理安全水平的升高，并使团队知识共享水平升高。接着，在随后阶段，团队回避取向受到团队知识共享的提升而进一步降低，并通过团队心理安全对团队层次知识共享产生更加积极的影响；这符合团队过往绩效作为环境线索，指导和调整团队成员行为的已有研究结论[190]（卫旭华和刘咏梅，2014）。

（3）研究发现，初始团队层次知识共享水平成为影响下一阶段团队目标取向的重要前置因素。一方面，这与中国学者卫旭华和刘咏梅（2014）研究结论有相似之处[190]：两位学者认为团队过往绩效作为一种决策制约的情境线索，会影响团队冲突，而以往研究大多围绕团队冲突对团队绩效的影响；另一方面，这符合 Ilgen 等 (2005) 提出的初始结果变量会通过反馈影响随后前因变量及中介变量，从而影响随后结果变量的观点[277]。

（4）本书基于情境理论与 ASD 框架构建了团队目标取向与团队层次知识共享的动态演化模型；在此基础上，我们选取了 3 个工作团队进行案例分析，发现团队目标取向与团队层次知识共享之间存在动态演化关系，即前一阶段的团队层次知识共享对随后阶段的团队目标取向产生影响。这与 Ilgen et al.(2005) 研究结论相似[277]，他们认为初始结果变量会通过反馈影响随后前因和中介变量，从而影响随后结果变量。

5.7 研究小结

本章根据情境理论、ASD 动态演化模型，运用案例对团队目标取向与团队层次知识共享的动态演化关系进行了探索性分析。在理论推演的基础上，本书构建了基于情境互依的团队目标取向与团队知识共享的动态演化过程模型，用逻辑分析的方法，对其进行了追踪案例研究。

追踪案例研究结果表明，初始团队知识共享成为后续阶段团队目标取向与团队层次知识共享的动态演化关系的前置变量；团队目标取向会根据情境变化选择适宜策略以保证团队的自我规范。在这个演进路径中，初始团队知识共享水平是本章理论构建的前置变量，各团队成员、主管通过选择适当的目标取向策略，对团队层次知识共享产生积极影响。

本章从动态演化的角度提出了目标取向与知识共享的分析框架，建构了团队目标取向与团队层次知识共享的动态分析模型。通过 3 个团队的探索性案例研究，本章验证了团队目标取向与团队层次知识共享的动态分析演化模型，结果显示初始团队层次知识共享水平成为影响团队目标取向策略选择的前置动因，而团队目标取向通过团队心理安全这个中介变量对团队层次知识共享产生作用，进而影响随后阶段的团队目标取向，而随后阶段的团队目标取向会通过团队心理安全中介变量对团队层次知识共享产生更深的影响；并且，不同的团队目标取向与团队层次知识共享的动态演化存在不同的效应。

由于更深层次的案例研究需要非常翔实的数据、信息，而数据的可及性不足是在当前情境下开展管理学研究所面临的最大困难之一，本书也不能完全克服这个困难：案例总数偏少，从而削弱了案例研究的信服力；况且，案例研究中还存在竞争性解释，这导致有些因果关系不够稳健，需要其他方式的证据进行论证说明，这些问题可在未来的研究中加以注意。

第 6 章　研究结论与启示

本书以高新技术企业的研发团队为研究对象，从跨层次角度出发，深入剖析目标取向与知识共享的多层次影响关系。同时，本书应用 ASD 动态演化分析框架，做了探索性案例分析，揭示了目标取向与知识共享的动态演化关系，最后归纳出提升知识共享水平的研究结论，推导出管理启示，可应用于知识治理实践。

由于本书在每章最后都进行了小结、讨论，本章内容将按照研究的主要结论、研究取得的理论进展、研究的实践意义、研究的局限性和展望等四个部分的顺序进行总结。

6.1 主要研究结论

6.1.1 目标取向与知识共享在个体及团队层次的关系相同

本书的第 4 章，探讨了目标取向与知识共享的多（跨）层次影响关系，在对目标取向、知识共享的相关文献进行梳理、分析及归纳后，发现一些共同特点：学习取向与知识共享的关系在不同层次上均呈现出正相关关系。而证明取向、回避取向与知识共享的影响关系尚未达成一致，如有的研究认为成就取向与知识共享之间存在负向关系，但未将成就取向划分为证明取向与回避取向两个维度，分别考察其与知识共享的关系。因而，本书通过文献梳理和推论，提出了目标取向与知识共享间的关系模型，见图 6.1 所示。

研究发现：学习目标取向、证明目标取向与知识共享在个体和团队层次上均呈现正相关关系，而回避目标取向在个体和团队层次上均呈现负相关关系。目标取向与知识共享在不同层次上的关系表明：①具有学习目标取向的个体不仅会对自身的技能发展和知识累积产生浓厚的兴趣，同时，还会带动其同事产生对技能和知识发展的兴趣[19,153](Dweck,1986; Vandewalle, 1997)，与知识共享显著相关。②证明取向关注获得外部良好评价和能力证明，容易受到获取奖励、社会认同等外部因素的影响；但是，这客观上促进了团队成员在主管和同事面前表现出好的工作绩效，例如：提出新颖的想法、知识等，以获取主管和同事的好评，推动了知识共享。因此，证明取向与知识共享呈现出正相关关系。③回避取向的个体和团队认为能力是不会因为工作努力而得到改变的，且容易受到挫折和失败的影响产生退缩行为；他们不敢接受挑战和任务，担心失败，甚至担忧失败所带来的主管和同事对其的负面评价；同时，知识共享会损失其在企业中的知识地位，并且知识共享具有时间消耗、效果迟延等特点[288](Mooradian et al., 2006)；这往往会造成知识共享发出者持有知识占有的心态，不会情愿、主动与其他成员共享知识。由此可知，回避目标取向与知识共享间表现出负相关关系。通过对比分析发现，目标取向与知识共享在个体及团队层次的关系相同。

图 6.1　目标取向与知识共享在个体和团队层次上的关系汇总

6.1.2 团队心理安全在个体和团队层次上呈现出不同的行为效应

本书通过在团队层次的团队心理安全变量以探讨其在目标取向与个体及团队层次知识共享关系中所表现出的不同行为效应。在个体层次上，主要考察团队心理安全对个体知识共享产生的直接影响及其在个体目标取向与个体知识共享关系起到调节作用；在团队层次上，主要考察团队心理安全在团队目标取向与团队层次知识共享关系间起到中介作用。其中，团队心理安全在个体和团队层次的影响关系上表现出不同的行为效应，见图 6.2 所示。

（1）团队心理安全变量在个体层次上的直接和调节作用

多层次理论认为，在组织行为学领域，个体行为不仅决定于个体特征，还会受到团队层次乃至组织层次的情境因素影响；这些情境因素一方面会直接影响个体行为，另一方面也可能会调节（加强或减弱）个体特征与其行为间的关联。特征激活理论认为，个体对情境的意识也会调节（加强或减弱）其个人特征对行为的作用效果[197]（Tett & Burnett, 2003）。因此，本书构建了团队心理安全变量在个体层次上的直接和调节作用模型，通过对 120 个团队样本的数据收集，采用多层线性回归方法对数据进行了处理，主要研究结论包括：①团队心理安全变量对个体层次知识共享产生显著直接正向影响。②团队心理安全变量调节个体目标取向与个体层次知识共享之间的关系，即高团队心理安全水平可以增强个体学习目标取向与证明目标取向对个体层次知识共享的正向影响，弱化个体回避目标取向对个体层次知识共享的负向影响；低团队心理安全水平可以减弱个体学习目标取向与证明目标取向对个体层次知识共享的正向影响，增强个体回避目标取向对个体层次知识共享水平的负向影响。

（2）团队心理安全变量在团队目标取向与团队层次知识共享之间起到中介作用

基于目标取向理论、团队心理安全理论，本书构建了团队心理安全变量在团队目标取向与团队层次知识共享之间的中介作用模型。通过对 120 个知识团队样本的数据收集，采用回归分析方法对数据进行了处理，主要研究结论有：①团队心理安全变量在团队学习目标取向与团队层次知识共享的关系中发挥中介作用。②团队心理安全变量在团队证明目标取向与团队层次知识共享的关系中发挥中介作用。③团队心理安全变量在团队回避目标取向与团队层次知识共享的关系中发挥中介作用。

对照分析可知，团队心理安全变量在个体层次和团队层次的影响关系上体现出不一样的行为效应。在团队层次上，作为重要的氛围因素，团队心理安全在团队目标取向与团队知识共享之间发挥中介作用；而在个体层次上，团队心理安全变量作为重要的情境因素，对个体知识共享产生正向影响，且正向调节个体目标取向与个体知识共享间的关系。

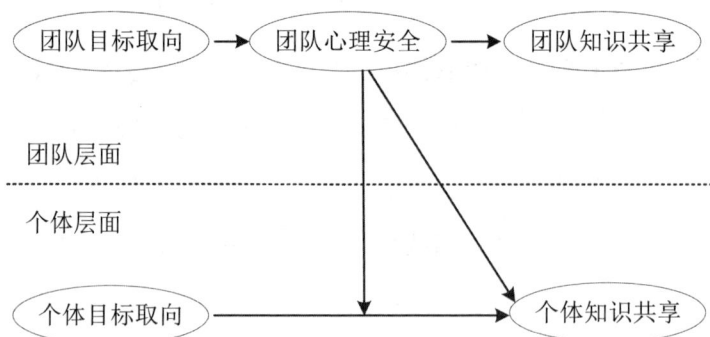

图 6.2　队心理安全在个体和团队层次上体现出不同的行为效应

6.1.3 个体层次知识共享与团队层次知识共享之间的关系

学者 Nonaka 和 Takeuchi 于 1995 年提出了知识创造的 4 阶段模型（即著名的知识螺旋创造模式，简称 SECI 模型），分别为：社会化、组合、内部化和外部化，其中个体知识转化为组织知识是该理论的关键所在 [23]。且团队、组织知识能力水平受团队成员知识共享水平的影响 [217,218]（Cabrera & Cabrera, 2005; Tsoukas & Vladimirous, 2001）。由此可见，个体层次知识共享与组织层次知识之间存在关联性。况且，作为知识运行的主要过程，知识共享在不同的层次上表现不同。各个层次的知识共享行为都需要个体的参与[232](Argote & Ingram, 2000)。由此可知，个体参与知识共享的程度越深，团队知识及其所对应的知识共享水平也就越高。通过文献分析，本书构建了个体层次知识共享对团队层次知识共享的自下而上的影响关系模型，并将团队信任引入其中。本书采用多层线性回归方法得出了如下研究结论：①个体层次知识共享平均水平与团队层次知识共享水平呈显著的正相关关系，印证了管理实践中个体间的知识共享是团队层次知识共享构建的基石的现象。②个体层次知识共享平均水平通过团队信任变量自下而上对团队层次知识共享产生正面影响。知识治理领域中，团队信任变量能够增强团队知识共享水平，成为连接个体、团队知识共享的重要过程。

6.1.4 目标取向与知识共享的动态演化规律

本书采用了 ASD 动态分析框架，进行探索性案例研究，以考察目标取向与知识共享间的动态演化关系。同时，本书考虑团队层次，从动态发展的角度，围绕目标取向与知识共享的动态演化结构进行探索分析，获得了初步的研究结论。

按照 ASD 分析模型的观点，团队目标取向的选取给工作团队创造了发展的条件，而该条件能否帮助团队实现更高水平的团队层次知识共享仍是一个有待验证的命题。由此深入系统地考察团队目标取向与团队层次知识共享的动态演化关系是研究主线。本书在借鉴 ASD 动态分析框架的基础上，运用探索性案例研究，推演了团队目标取向与团队层次知识共享的动态演化关系。初步结论包括：①初始团队知识共享水平较高的情况下，以此作为情境线索，团队学习目标取向与团队证明目标取向都会得到加强，进而增强团队心理安全，反过来又提高团队知识共享水平。随后，团队学习取向与证明取向因团队知识共享的升高而升高，并通过团队心理安全变量对团队层次知识共享水平产生更加积极的影响。②在初始团队知识共享水平较高的团队中，以此作为情境线索，初期的团队回避取向会降低，有利于团队成员接受挑战性的任务，并积极对任务和决策进行交流和讨论，进而增强团队心理安全，反过来又提高团队知识共享水平。同时，在随后阶段的团队回避取向受到团队层次知识共享的提升而进一步降低，并在团队心理安全变量作用下对团队层次知识共享水平产生更积极的影响。③初始团队层次知识共享水平成为影响团队目标取向选取的重要前置因素。④通过对 3 个知识团队的案例分析，发现团队目标取向与团队层次知识共享之间存在着动态演化关系，即上一阶段的团队层次知识共享会对下一阶段的团队目标取向产生影响。而这与 Ilgen 等 (2005) 研究结论相似，他们认为初始结果变量会通过以反馈的形式影响随后前因、中介变量，进一步影响随后结果变量。

6.2 本书的理论贡献与管理启示

6.2.1 理论贡献

本书针对"目标取向对知识共享的跨层次影响及动态演化关系"问题，采用跨层次分析法、探索性案例分析，探讨了目标取向影响知识共享的直接机制、中介变量、调节变量及动态演化规律，可以看作是对以往研究的补充和拓展，理论贡献主要有以下几方面：

（1）已有研究大多聚焦于学习目标取向、成就目标取向与知识共享的关系，而未将成就取向划分为证明目标取向与回避目标取向，分别探讨其与知识共享的关系。同时，以往研究大多在某一个层次上进行，本书分别从个体与团队两个层次检验目标取向与知识共享之间的关系。个体（团队）学习目标取向、证明目标取向与个体（团队）层次的知识共享呈显著的正相关关系，而个体（团队）回避目标取向与个体（团队）层次的知识共享呈显著的负相关关系。研究结论不仅拓展了目标取向与知识共享的关系研究，而且丰富了知识共享多层次的研究。

（2）整合目标取向和团队心理安全角度，本书证实团队心理安全变量作为重要的团队过程与团队情境对个体和团队层次知识共享具有不同的行为效应。研究发现：在团队层次上，团队心理安全变量在团队目标取向与团队层次知识共享关系中发挥中介作用；个体层次上，团队心理安全变量不仅对个体层次知识共享有积极的影响，而且还跨层次正向调节个体层次上的目标取向与知识共享的作用关系。文献中关于目标取向与知识共享关系的研究采用领导成员交换 [5](Tohidinia & Mosakhani, 2010)、信任 [82](Hsu et al., 2007) 及情感承诺 [289](Hwang & Kim, 2007) 等作为过程变量或情境变量，鲜有研究将团队心理安全作为目标取向与知识共享关系间的团队层次的过程变量和个体层次的情境变量。因此，本书不仅揭示了团队目标取向影响团队层次知识共享的过程"黑箱"以及个体目标取向影响个体知识共享的边界条件的认知，而且一定程度上拓展了团队心理安全理论。

（3）通过文献回顾和推论，本书提出并验证了个体知识共享自下而上地对团队知识共享产生影响。特别是个体知识共享通过团队信任变量对团队层次知识共享产生正面影响，不仅印证了知识共享的跨层次理论所倡导的个体层次的知识共享是团队层次的知识共享的基石 [217,232](Cabrera & Cabrera, 2005; 1& Ingram, 2000)，而且揭示了个体知识共享向团队知识共享转化的过程机制，丰富了知识共享的跨层次理论，深化了知识共享形成规律的认识。

（4）在逻辑分析的基础上，本书从动态发展的角度拓展了目标取向与团队层次知识共享的已有关系框架，建构了团队目标取向与团队层次知识共享的动态演化模型。通过 3 个团队的探索性案例研究，本书验证了团队目标取向与团队知识共享的动态演化模型，研究表明初始团队层次知识共享成为影响团队目标取向策略选择的前置因素，而团队目标取向通过团队心理安全变量对团队层次知识共享产生影响，进而影响随后阶段的团队目标取向，且下一阶段的团队目标取向会通过团队心理安全变量对团队层次知识共享产生更深的影响；不同的团队目标取向与团队层次知识共享的动态演化关系存在不同的效应。这丰富并拓展了 ASD 理论模型，进一步验证和拓展了目标取向与知识共享的动态演化关系。

6.2.2 对理论的指导意义

由上述总结可知，本书的研究结果对于相关理论的指导意义主要包括以下几个方面：

（1）对知识共享构成模型的指导意义。通过对已有研究的分析和归纳，发现目标取向与知识共享构成模型的个体 / 团队特征和动机两个构成因素紧密相关，因此，本书引入目标取向，探讨其对知识共享的影响；由此可见，目标取向可以为继续深入探讨知识共享构成模型的相关内容提供了研究角度。

（2）对特征激活理论和团队心理安全理论的指导意义。以往学术界对个体目标取向与知识共享间关系的群体情境聚焦于知识权力、团队领导行为等。而本书不仅把团队心理安全变量作为团队情境性因素，调节个体目标取向与个体层次知识共享的关系，还探讨团队情境对个体知识共享的直接影响。这极大丰富了未来研究的内容，一方面，进一步验证和丰富了特征激活理论在个人特征对行为的影响关系中的解释力；另一方面，考察了团队心理安全作为团队情境变量对个体知识共享的作用关系，这又丰富和拓展了团队心理安全的跨层次影响因果关系。

（3）对多阶段的 ASD 动态分析框架分析的指导意义。基于动态发展的角度，本书探讨目标取向与知识共享的动态演化关系。本书通过 3 个案例团队进行了追踪研究，发现初始结果变量会以反馈的形式影响随后前因、中介变量，并进一步影响随后结果变量。该结论对重复发生的

ASD 动态分析模型有重要的指导意义，从而拓展了知识共享理论。

（4）对目标取向理论与多层次理论的指导意义。目前关于目标取向的研究成果多分布于教育学领域，其影响效果多以学生的成绩提升为主；而本书关注目标取向对知识共享的跨层次影响作用；这一方面进一步丰富了目标取向理论中的影响效果的研究；另一方面，拓展了多层次理论的在目标取向与知识共享关系间的应用。

6.2.3 对实践的指导意义

本书研究结论对于实践的指导意义主要有以下几个方面：

（1）作为团队成员，要摈弃回避取向对自身发展的束缚，从内心解除害怕挑战、失败、负面评价的障碍，以积极姿态融入团队；同时，要提升自身学习取向与证明取向水平，不断通过学习、沟通、反思等以获取更多的知识和技能，不断增加自身知识厚度；而增加知识厚度的关键步骤就是要积极参与、利用企业、组织、团队中的知识共享活动，接触吸收新知识。参加知识共享活动的过程中，一方面注重获取，一方面注重分享。

（2）对企业或组织而言，知识创造是获得核心竞争力和保证持续发展的关键所在，作为管理者，必须从多个层次了解促进个体知识共享的影响因素。本书参照成就动机理论，引入对体知识共享行为有重要影响的目标取向变量。首先，企业或组织管理者应该加大个体目标取向的培养力度，尤其是对个体知识共享行为有积极提升作用的个体学习目标取向与个体绩效证明目标取向，例如：制定学习目标、改善领导与成员间的关系和共同认知等情境性因素，增强成员之间的沟通和交流，让成员有更多的知识、技能获取渠道。其次，企业或组织管理者可以通过情绪化解来营造更加安全的心理安全氛围、搭建畅通的沟通渠道等做法增强团队氛围，提升团队成员间、领导成员间的信任和合作，从而直接或间接有利于知识分享。最后，企业或组织管理者应该注意团队目标取向对团队层次知识共享的影响，积极推动团队学习或证明取向，例如：培养积极的氛围、发挥领导带头作用等。同时，要采取必要的措施抑制团队回避取向对团队层次知识共享的阻碍作用。此外，组织领导者应该积极学习和响应优秀企业家（任正非、张瑞敏、董明珠等）在知识共享中的积极作用，积极推动益于知识共享提升的各项措施，如构建企业文化、领导模范作用等。

（3）对社会而言，我国正由"中国制造"向"中国创造"战略转型，而其重要的推动力是知识共享水平。因此，对社会而言，有效地引导和鼓励更多的人才参与到知识共享活动中，例如：知识共享效果的宣传、树立典范等。同时，社会需培养更多知识共享的推动力，例如：鼓励高校培养更多学科带头人、推动知识和创新成果的共享。

6.3　本书的现实启示

本书从个体和团队层次，并基于动态发展角度，探讨目标取向对知识共享的多层次及动态演化关系研究。对科研团队成员而言，研究结论对其目标选择和知识共享的提升具有重要的启示；对团队管理者而言，研究结论有助于其重视目标选择对团队层次知识共享的重要影响，同时，重视团队心理安全在两者之间的重要"桥梁"作用；对组织和社会而言，研究结论为我国由"数量型发展"到"高质量发展"的战略转型提供了知识共享培育和提升的素材。研究结论具有以下几个方面的现实启示：

6.3.1 研发人员提升其知识共享的启示

团队科研人员是知识共享提升的主要生力军和源泉，且本书发现学习取向、证明取向均与知识共享具有正相关关系，而回避取向则与知识共享具有负相关关系；因此，科研人员的目标取向选择对知识共享的提升具有重要的影响作用。中国科研人员大部分倾向于选择回避取向。一些传统观念影响了科研人员的目标选择，从而不利于提升知识共享和知识治理。因此，在实际工作中，科研人员应该关注自身知识和技能的获取、自身发展及获得较好的外部评价，敢于接受挑战性的任务，因为，挑战性的任务会帮助你获取更多知识、技能及自我发展。同时，本书虽然以知识共享的提升以展示目标取向的积极效应，但还包括其他方面的积极效应，诸如工作绩效、满意度等。因此，科研人员应注重目标取向的选择。

6.3.2 团队管理者为知识共享的提升给予指导和支持的启示

（1）在研发团队创建与管理的过程中需要关注团队成员的目标取向

由于研发人员学习取向水平与其知识共享行为具有正向关系，企业人力资源部门招聘研发人员时，要选择学习取向水平高的候选人，为下一步提升团队知识整合与共享水平创造条件。如果研发型团队中有个别员工持有证明目标取向时，尽管这些员工仍具有一定的获取知识与分享知识的意愿，但他们在工作过程中急于达成目标并表现自己，团队管理者应该反思管理中的漏洞，健全和完善绩效管理制度，加强对员工的引导，将团队目标与成员个人目标最大限度地一致起来，以实现团队成功基础上的个人成功，达到双赢；如果研发知识型团队中有个别员工持有回避目标取向时，由于这些员工不敢接受挑战，获取并分享知识的动机不强，团队合作的意识比较薄弱。为此，团队管理者需要关心团队成员的学习与成长，鼓励员工积极建言，并需建立团队成员之间、领导成员之间的互利合作与成长帮扶机制。

（2）团队管理者为知识共享水平的提升营造良好的氛围

本书中，团队心理安全变量成为重要的团队情境因素，对个体知识共享产生积极的影响，且正向调节目标取向与知识共享的作用关系。因而，情境因素对知识共享产生影响。基于此，团队管理者要努力营造良好的团队情境和氛围。通过组织支持、培训、情感体验等措施，促进科研人员之间进行交流和合作，从而提升知识在团队和成员间的流动，进一步提升知识共享水平。

（3）团队管理者应该注重个体层次知识共享向团队层次知识共享转化

知识共享作为知识运行的主要过程，在不同的层次上表现不同。各个层次的知识共享行为都需要个体的参与[216](Argote & Ingram, 2000)。这说明个体参与知识共享的程度越深，团队知识及其所对应的知识共享水平也越高。作为团队管理者，一方面，通过积极氛围的构建、指导和帮助等，有利于引导团队人员选择适合知识共享提升的目标取向；另一方面，关注个体层次知识共享向团队层次知识共享转化的关键过程，尤其是团队信任的中介作用。因此，团队管理者需要采取措施或者提供平台，营造积极的团队信任，诸如组织支持、树立典范、形成规范性文件等。

6.3.3 社会为知识共享的提升进行有效引导的启示

我国正处于"数量型发展"到"高质量发展"的战略转型，高质量发展需要企业不创造知识，产品推陈出新，以实现产品高质量、制造高质量、品牌高质量。这时刻彰显知识治理重要作用，而知识共享又是知识治理的关键环节。基于此，为加快"高质量发展"的步伐，一方面，我国需继续加大对研发投入，加强知识产权的保护力度；另一方面，需营造激励和保障的环境，以激发全员知识共享的热情，进而推动"高质量发展"战略的不断前行。

6.4 本书的局限与研究展望

6.4.1 本书的局限

当前，学者们对目标取向与知识共享间的跨层次关系研究刚刚开始，特别是二者间的动态演化关系还缺少可资参考的理论基础和分析框架。本书综合多层次理论与动态分析模型所获得的研究结论，不仅增加了关于知识共享的多层次刻画模型，也为以后的研究提供了可供借鉴的动态分析研究框架。当然，由于本书的主要研究内容尚处在起步阶段，加上受制于追踪研究案例数量少、问卷调查样本覆盖度低现实，本书研究存诸多局限，尚待后续研究关注。

（1）样本的代表性存在局限

本书的问卷调查一方面对于研究对象的选择集中于科研团队样本，多数来自山东、上海、江苏、北京和吉林等地，受研究经费与合作关系等实践性客观条件的限制，还不能在更大范围内随机抽样。另一方面，在进行追踪和动态演化关系研究中，受时间、团队成员变动等客观条件，本书只选取了中国一汽集团的生产制造技术部门中研发团队作为研究样本，这使得样本的代表性受到一定的局限。

（2）共同方法偏差的影响

本书的关键变量"知识共享"涉及两个层次，而团队层次的知识共享也是由个体层次知识共享直接加总平均而得，这会导致共同方法偏差的出现，从而对研究结果的准确性产生干扰[261](Barrick et al., 1998)；虽然，本书收集的数据通过了 Harman 单因素检验，且共同方法偏差不会影响结果的实质，且也不会影响研究结论的稳健性。但本书中的自变量、中介变量的测量都源自受访者自行填写的数据，这的确会造成共同方法偏差，需要严加控制。

（3）动态演化关系中存在的局限

深度动态案例研究的前提是获得充分翔实的数据、信息，然而数据的可及性差是在中国情境下进行管理学研究的最大困难之一，本书也受到了这个困难的影响，导致案例总数偏少，进而影响了案例研究的信服力，这也是本书的局限；况且，不同的案例研究存在竞争性解释，导致一些逻辑关系变得脆弱，还需要其他方式的证据加以佐证，这点需要未来研究注意。

6.4.2 研究展望

此次研究的过程中，发现了很多有研究价值的内容：

（1）目标取向与知识共享的多层次关系模型

关于这个研究主题，研究人员只在个体层次、团队层次上考察了目标取向与知识共享的跨层次关系，尚未考虑企业层次的影响关系，将来研究者可构建三级的跨层次模型，探索诸如企业文化等第三层次因素与知识共享间的主效应及调节效应。目前，除了目标取向变量和团队心理安全变量对知识共享有显著影响外，还有其他个人层次因素如主动性人格、领导行为等、其他团队层次因素如团队成员交换等也会影响知识共享行为，将来研究者可以考虑从这些方向着手解释。

（2）目标取向与知识共享的动态演化关系研究

本书构建 ASD 动态分析模型，以质化研究方式探讨了目标取向与知识共享的动态演化关系。课题推进过程中，研究人员通过文献分析，发现国内外有影响的期刊还未涉及知识共享动态演化关系到这一议题。然而受课题组资源、时间限制，研究人员只能结合理论和文献进行推演，后续可采用扎根理论研究方法，结合不同学科理论，对知识共享的动态演化理论进一步拓展丰富。

参考文献

[1] Du-Babcock B, Babcock R D. Genre patterns in language-based communication zones [J]. *Journal of Business Communication*, 2007, 44(4): 340-373.

[2] Cummings J N. Work groups, structural diversity, and knowledge sharing in a global organization [J]. *Management science*, 2004, 50(3): 352-364.

[3] Bakker M, Leenders R T A J, Gabbay S M, et al. Is trust really social capital? Knowledge sharing in product development projects [J]. *The Learning Organization*, 2006, 13(6): 594-605.

[4] Lin H F. Effects of extrinsic and intrinsic motivation on employee knowledge sharing intentions [J]. *Journal of information science*, 2007.

[5] Tohidinia Z, Mosakhani M. Knowledge sharing behaviour and its predictors [J]. *Industrial Management & Data Systems*, 2010, 110(4): 611-631.

[6] Mohammed Fathi N, Cyril Eze U, Guan Gan Goh G. Key determinants of knowledge sharing in an electronics manufacturing firm in Malaysia[J]. *Library Review*, 2011, 60(1): 53-67.

[7] Wu Y, Zhu W. An integrated theoretical model for determinants of knowledge sharing behaviours[J]. *Kybernetes*, 2012, 41(10): 1462-1482.

[8] Zhang P, Fai Ng F. Attitude toward knowledge sharing in construction teams [J]. *Industrial Management & Data Systems*, 2012, 112(9): 1326-1347.

[9] Teh P L, Sun H. Knowledge sharing, job attitudes and organizational citizenship behavior [J]. *Industrial Management & Data Systems*, 2012, 112(1): 64-82.

[10] Wang S, Noe R A. Knowledge sharing: A review and directions for future research [J]. *Human Resource Management Review*, 2010, 20(2): 115-131.

[11] Kankanhalli A, Tan B C Y, Wei K K. Contributing knowledge to electronic knowledge repositories: an empirical investigation [J]. *MIS quarterly*, 2005: 113-143.

[12] 张生太, 王亚洲, 张永云, 等. 知识治理对个体知识共享行为影响的跨层次分析 [J]. 科研管理, 2015, 2: 016.

[13] Szulanski G. Exploring internal stickiness: Impediments to the transfer of best practice within the firm [J]. *Strategic management journal*, 1996, 17(S2): 27-43.

[14] Spender J C. Making knowledge the basis of a dynamic theory of

the firm [J]. *Strategic management journal*, 1996, 17: 45-62.

[15] Davenport T H, Prusak L. *Working knowledge: How organizations manage what they know* [M]. Harvard Business Press, 1998.

[16] Ipe M. Knowledge sharing in organizations: A conceptual framework [J]. *Human Resource Development Review*, 2003, 2(4): 337-359.

[17] Yang J T, Wan C S. Advancing organizational effectiveness and knowledge management implementation [J]. *Tourism Management*, 2004, 25(5): 593-601.

[18] Dweck C S. Motivational processes affecting learning [J]. *American psychologist*, 1986, 41(10): 1040.

[19] Dweck C S, Leggett E L. A social-cognitive approach to motivation and personality [J]. *Psychological review*, 1988, 95(2): 256.

[20] Harris E G, Mowen J C, Brown T J. Re-examining salesperson goal orientations: personality influencers, customer orientation, and work satisfaction[J]. *Journal of the Academy of Marketing Science*, 2005, 33(1): 19-35.

[21] Vermetten Y J, Lodewijks H G, Vermunt J D. The role of personality traits and goal orientations in strategy use [J]. *Contemporary Educational Psychology*, 2001, 26(2): 149-170.

[22] Alavi M, Leidner D E. Review: Knowledge management and knowledge management systems: Conceptual foundations and research issues [J]. *MIS quarterly*, 2001: 107-136.

[23] Nonaka I, Takeuchi H. *The knowledge-creating company: How*

Japanese companies create the dynamics of innovation [M]. Oxford university press, 1995.

[24] Swift M, Balkin D B, Matusik S F. Goal orientations and the motivation to share knowledge [J]. *Journal of Knowledge Management*, 2010, 14(3): 378-393.

[25] Lee J H, Kim Y G, Kim M Y. Effects of managerial drivers and climate maturity on knowledge management performance: Empirical validation[J]. *In formation Resources Management Journd*, 2006, 19(3):48-60,2006.

[26] Yeh Y J, Lai S Q, Ho C T. Knowledge management enablers: a case study [J]. *Industrial Management & Data Systems*, 2006, 106(6): 793-810.

[27] Chen G, Kanfer R. Toward a systems theory of motivated behavior in work teams [J]. *Research in organizational behavior*, 2006, 27: 223-267.

[28] Meyer R D, Dalal R S, Hermida R. A review and synthesis of situational strength in the organizational sciences [J]. *Journal of Management,* 2010, 36(1): 121-140.

[29] Ajzen I. The theory of planned behavior [J]. *Organizational behavior and human decision processes*, 1991, 50(2): 179-211.

[30] Klein K J, Dansereau F, Hall R J. Levels issues in theory development, data collection, and analysis [J]. *Academy of Management Review,* 1994, 19(2): 195-229.

[31] 李怀祖 . 管理研究方法论 (第 2 版)[M]. 西安交通大学出版社，

2004.

[32] 张文勤, 孙锐. 知识员工目标取向与知识团队反思对知识活动行为的交互影响研究 [J]. 南开管理评论, 2014 (5): 33-41.

[33] Wemerfelt B. A resource-based view of the firm. Strategic [J]. *Management J.* 5 171, 1984, 180.

[34] Barney J. Firm resources and sustained competitive advantage [J]. *Journal of management*, 1991, 17(1): 99-120.

[35] Prescott E C, Visscher M. Organization capital [J]. *The Journal of Political Economy*, 1980: 446-461.

[36] Hamel G, Prahalad C K. The core competence of the corporation [J]. *Harvard business review*, 1990, 68(3): 79-91.

[37] Conner K R, Prahalad C K. A resource-based theory of the firm: Knowledge versus opportunism [J]. *Organization science*, 1996, 7(5): 477-501.

[38] Grant R M. Toward a knowledge- based theory of the firm [J]. *Strategic management journal*, 1996, 17(S2): 109-122.

[39] Nonaka I, Byosiere P, Borucki C C, et al. Organizational knowledge creation theory: a first comprehensive test [J]. *International Business Review*, 1994, 3(4): 337-351.

[40] Spender J C. *Industry recipes* [M]. *Oxford: Basil Blackwell*, 1989.

[41] 余光胜. 企业发展的知识分析 [M]. 上海财经大学出版社, 2000.

[42] Nonaka I, Takeuchi H. *The knowledge-creating company: How Japanese companies create the dynamics of innovation* [M]. Oxford

university press, 1995.

[43] Leonard D A. The Role of Tacit Knowledge in Group Innovation California Management Review, 40 (3), 112–132 (1998)[J]. *California management review*, 1998, 40(3): 112-132.

[44] 高洪深, 丁娟娟. 企业知识治理 [M]. 清华大学出版社, 2003.

[45] 尤克强. 知识治理与企业创新 [M]. 清华大学出版社, 2003.

[46] Davenport T H, Prusak L. *Information ecology: Mastering the information and knowledge environment* [M]. Oxford University Press, 1997.

[47] Gilbert M, Cordey-Hayes M. Understanding the process of knowledge transfer to achieve successful technological innovation [J]. *Technovation*, 1996, 16(6): 301-312.

[48] 赵文平, 王安民, 徐国华. 组织内部知识共享的机理与对策研究 [J]. 情报科学, 2004, 5: 517-519.

[49] Marshall C, Prusak L. D. Shpiberg (1996), "Financial Risk and the Need of Superior Knowledge Management" [J]. *California Management Review*, 38(3).

[50] Darroch J, McNaughton R. Examining the link between knowledge management practices and types of innovation [J]. *Journal of intellectual capital*, 2002, 3(3): 210-222.

[51] Bartezzaghi E, Corso M, Verganti R. Continuous improvement and inter-project learning in new product development[J]. *International Journal of Technology Management*, 1997, 14(1): 116-138.

[52] 郁义鸿 . 论知识治理的内涵 [J]. 商业经济与管理 , 2003 (1): 4-7.

[53] Allee V. Creating value in the knowledge economy [J]. *HR Monthly*, 1998: 12-17.

[54] Nelson M W. The effects of error frequency and accounting knowledge on error diagnosis in analytical review [J]. *Accounting Review*, 1993: 804-824.

[55] Von Hippel E. Economics of product development by users: The impact of "sticky" local information [J]. *Management science*, 1998, 44(5): 629-644.

[56] Pasmore W A, Purser R E. Designing work systems for knowledge workers [J]. *The Journal for quality and participation*, 1993, 16(4): 78.

[57] Popper K R. Objective knowledge: An evolutionary approach [J]. *Philosophy and phenomenological Research*, 1973, 34(2):278.

[58] Bonora E A, Revang O. A strategic framework for analyzing professional service firm—developing strategies for sustained performance[C]//Strategic Management Society Interorganizational Conference, Toronto, Canada. 1991.

[59] Bartlett C A, Ghoshal S. *Managing across borders: new strategic requirements* [M]. 1987.

[60] Prahalad C K, Doz Y L. The multinational mission: Balancing global integration with local responsiveness [J]. *FreePress*, McMillan, 1987.

[61] Smith G, Fischer L. Assessment of juvenile sexual offenders:

Reliability and validity of the Abel Assessment for Interest in Paraphilia [J]. *Sexual Abuse: A Journal of Research and Treatment*, 1999, 11(3): 207-216.

[62] *Hall P A. Varieties of capitalism* [M]. John Wiley & Sons, Inc., 2001.

[63] 孙红萍. 企业智力资本管理"结构化假设"探讨 [J]. 企业经济, 2006 (10): 38-39.

[64] 常涛, 廖建桥. 团队性绩效考核对知识共享的影响研究 [J]. 科学学研究, 2010 (1): 118-126.

[65] 储节旺, 郭春侠. EXCEL 实现共词分析的方法——以国内图书情报领域知识治理研究为例 [J]. 情报杂志, 2011, 30(3): 45-49.

[66] 赖辉荣. 图书馆合作体内部知识共享障碍及对策分析 [J]. 图书馆工作与研究, 2012 (7): 4-7.

[67] Nonaka I. A dynamic theory of organizational knowledge creation [J]. *Organization science*, 1994, 5(1): 14-37.

[68] Ruggles R. The state of the notion [J]. *California management review*, 1998, 40(3): 80-89.

[69] Bartol K M, Srivastava A. Encouraging knowledge sharing: The role of organizational reward systems [J]. *Journal of Leadership & Organizational Studies*, 2002, 9(1): 64-76.

[70] Botkin J W. *Smart business: How knowledge communities can revolutionize your company* [M]. The Free Press, 1999.

[71] Dixon N M. *Common knowledge: How companies thrive by sharing what they know*[M]. Harvard Business Press, 2000.

[72] Senge P M. Communities of leaders and learners [J]. *Harvard Business Review*, 1997, 75(5): 30-32.

[73] Hendriks P. Why share knowledge? The influence of ICT on the motivation for knowledge sharing [J]. *Knowledge and process management*, 1999, 6(2): 91-100.

[74] Lee J N. The impact of knowledge sharing, organizational capability and partnership quality on IS outsourcing success [J]. *Information & Management*, 2001, 38(5): 323-335.

[75] 单雪韩. 改善知识共享的组织因素分析 [J]. 企业经济, 2003, 1: 45-46.

[76] 祁红梅, 王森. 基于联盟竞合的知识产权风险对创新绩效影响实证研究 [J]. 科研管理, 2014, 35(1).

[77] 林东清, 李东. 知识治理理论与实践 [J]. 2005.

[78] Gupta A K, Govindarajan V. Knowledge flows within multinational corporations [J]. *Strategic management journal*, 2000, 21(4): 473-496.

[79] 唐炎华, 石金涛. 国外知识转移研究综述 [J]. 情报科学, 2006, 24(1): 153-160.

[80] Ford J C, Pope J F, Hunt A E, et al. The effect of diet education on the laboratory values and knowledge of hemodialysis patients with hypophosphatemia [J]. *Journal of Renal Nutrition*, 2004, 14(1): 36-44.

[81] Bock G W, Zmud R W, Kim Y G, et al. Behavioral intention formation in knowledge sharing: Examining the roles of extrinsic motivators, social-psychological forces, and organizational climate [J]. *MIS*

quarterly, 2005: 87-111.

[82] Hsu C L, Lin J C C. Acceptance of blog usage: The roles of technology acceptance, social influence and knowledge sharing motivation [J]. *Information & management*, 2008, 45(1): 65-74.

[83] Jang S, Hong K, Woo Bock G, et al. Knowledge management and process innovation: the knowledge transformation path in Samsung SDI[J]. *Journal of knowledge management*, 2002, 6(5): 479-485.

[84] Chennamaneni A. Determinants of knowledge sharing behaviors: Developing and testing an integrated theoretical model [J]. *Dissertation & These Gradworks*, 2007.

[85] Kuo F Y, Young M L. Predicting knowledge sharing practices through intention: A test of competing models [J]. *Computers in Human Behavior*, 2008, 24(6): 2697-2722.

[86] Chou S Y, Chang Y H. A decision support system for supplier selection based on a strategy-aligned fuzzy SMART approach [J]. *Expert systems with applications*, 2008, 34(4): 2241-2253.

[87] Eriksson I V, Dickson G W. Knowledge sharing in high technology companies [J]. *AMCIS 2000 Proceedings*, 2000: 217.

[88] Cummings J L, Teng B S. Transferring R&D knowledge: the key factors affecting knowledge transfer success [J]. *Journal of Engineering and technology management*, 2003, 20(1): 39-68.

[89] 王国保, 宝贡敏. 组织内知识共享前因研究述评 [J]. 企业活力, 2012, 11: 017.

[90] 何绍华, 王培林. 面向知识治理的适应性竞争情报系统 [J]. 图书情报工作, 2007, 11.

[91] Szulanski G. The process of knowledge transfer: A diachronic analysis of stickiness [J]. *Organizational behavior and human decision processes*, 2000, 82(1): 9-27.

[92] Hall P A. *Varieties of capitalism*[M]. John Wiley & Sons, Inc., 2001.

[93] O' Dell C, Grayson C J. If only we knew what we know [J]. *California management review*, 1998, 40(3): 154-174.

[94] 魏江, 王铜安. 个体, 群组, 组织间知识转移影响因素的实证研究 [J]. 科学学研究, 2006, 24(1): 91-97.

[95] 冯天学, 田金信. 基于企业内知识转移与共享的激励模式研究 [J]. 预测, 2005, 24(5): 9-13.

[96] 丛海涛, 唐元虎. 隐性知识转移, 共享的激励机制研究 [J]. 科研管理, 2007, 28(1): 33-37.

[97] 周密, 赵西萍, 李徽. 个人关联绩效与团队知识转移成效关系研究 [J]. 科学学研究, 2007, 3: 020.

[98] Osterloh M, Frey B S. Motivation, knowledge transfer, and organizational forms [J]. *Organization science*, 2000, 11(5): 538-550.

[99] Gherardi S, Nicolini D. The sociological foundations of organizational learning [J]. *Handbook of organizational learning and knowledge*, 2001: 35-60.

[100] Burgess D. What motivates employees to transfer knowledge

outside their work unit? [J]. *Journal of Business Communication*, 2005, 42(4): 324-348.

[101] Gibbert M, Krause H. Practice exchange in a best practice marketplace [J]. *Knowledge management case book: Siemens best practices,* 2002: 89-105.

[102] D Burgess. What motivates employees to transfer knowledge outside their work unit? [J]. *Journal of Business Communication,*2005:81-105

[103] 谢荷锋, 刘超. "拥挤" 角度下的知识分享奖励制度的激励效应 [J]. 科学学研究,2011,4:5-19

[104] 丛海涛, 唐元虎. 隐性知识转移、共享的激励机制研究 [J]. 科研管理, 2007, 28:33-37.

[105] Husted K, Michailova S. Diagnosing and Fighting Knowledge-Sharing Hostility [J]. *Organizational Dynamics*, 2002, 31(1):60–73.

[106] 冯帆, 廖飞. 知识的粘性、知识转移与管理对策 [J]. 科学学与科学技术管理, 2007, 28:89-93.

[107] Bock G W, Kim Y G. Breaking the Myths of Rewards: An Exploratory Study of Attitudes about Knowledge Sharing [J]. *Information Resources Management Journal*, 2002, 15(2):14-21.

[108] Tohidinia Z, Mosakhani M. Knowledge sharing behavior and its predictors [J]. *Industrial Management & Data Systems,* 1980, 110(4):611-631(21).

[109] Hansen M T. The Search-Transfer Problem: The Role of Weak

Ties in Sharing Knowledge across Organization Subunits [J]. *Administrative Science Quarterly*, 1999, 44(1): pages. 82-111.

[110] Reagans R, Mcevily B. Network Structure and Knowledge Transfer: The Effects of Cohesion and Range [J]. *Administrative Science Quarterly*, 2003, 48(2):240-267.

[111] Polanyi M. The Logic of Tacit Inference [J]. *Philosophy*, 1966, 41(155):1-18.

[112] Levett G P, Guenov M D. A methodology for knowledge management implementation [J]. *Journal of Knowledge Management*, 2000, volume 4(3):258-270.

[113] Turner K L, Makhija M V. The Role of Organizational Controls in Managing Knowledge [J]. *Academy of Management Review*, 2006, 31(1):197-217.

[114] Winter M, Sleeman D, Parsons T. Inventory management using constraint satisfaction and knowledge refinement techniques.[J]. *Knowledge-Based Systems*, 1998, 11:293-300.

[115] Zander U, Kogut B. Knowledge and the Speed of the Transfer and Imitation of Organizational Capabilities: An Empirical Test [J]. *Organization Science*, 1995, 6(1):76-92.

[116] Galunic D C, Rodan S. Resource recombination's in the firm: knowledge structures and the potential for Schumpeterian innovation [J]. *Strategic Management Journal*, 1998, 19(12):1193-1201.

[117] Hansen M T, Nohria N, Tierney T, et al. What's your Strategy

for Managing Knowledge" Harvard Business Review [J]. *Harvard Business Review*, 1999, 77.

[118] Kogut B, Zander U. Knowledge of the Firm, Combinative Capabilities, and the Replication of Technology [J]. *Organization Science*, 1992:17–35.

[119] Prahalad C K. The role of core competencies in the corporation [J]. *Research Technology Management*, 1993, 36.

[120] Gabriel Szulanski. Exploring internal stickiness: Impediments to the transfer of best practice within the firm [J]. *Strategic Management Journal*, 1996, 17(S2):27–43.

[121] Simonin J P. Real Ionic Solutions in the Mean Spherical Approximation. 2. Pure Strong Electrolytes up to Very High Concentrations, and Mixtures, in the Primitive Model [J]. *J.phys.chem.b*, 1997, (21).

[122] Gresov C. Exploring Fit and Misfit with Multiple Contingencies [J]. *Administrative Science Quarterly*, 1989, 34(3):431-453.

[123] Snell S A, Youndt M A. Human Resource Management and Firm Performance: Testing a Contingency Model of Executive Controls [J]. *Journal of Management*, 1995, 21(4):711–737.

[124] Holtham C, Courtney N. Developing Managerial Learning Styles in the Context of the Strategic Application of Information and Communications Technologies. [J]. *International Journal of Training & Development*, 2001, 5(1):23–33.

[125] Simonin, Bernard L. Ambiguity and the process of knowledge

transfer in strategic alliances [J]. *Strategic Management Journal*, 1999, 20(7): pages. 595-623.

[126] Hakanson, Lars Nobel, Robert. Organizational Characteristics and Reverse Technology Transfer. (1)[J]. *Management International Review*, 2001, 41.

[127] Heiman B A, Nickerson J A. Empirical evidence regarding the tension between knowledge sharing and knowledge expropriation in collaborations [J]. *Managerial & Decision Economics*, 2004, 25(6-7):401-420.

[128] Birkinshaw J. Managing Internal R&D Networks in Global Firms: What Sort of Knowledge is involved? [J]. *Long Range Planning*, 2002, 35(3):245–267.

[129] TG Westphal, V Shaw. Knowledge Transfers in Acquisitions - An Exploratory Study and Model [J]. *JSTOR*,2005,68-92

[130] 宋志红, 陈澍, 范黎波. 知识特性、知识共享与企业创新能力关系的实证研究 [J]. 科学学研究, 2010, 28:597-604.

[131] 慕继丰, 冯宗宪. 企业的资本结构与融资决策 [J]. 河南大学学报: 社会科学版, 2002, 42:79-82.

[132] Uzzi B, Lancaster R. Relational embeddedness and learning: The case of bank loan managers and their clients [J]. *Management science*, 2003, 49(4): 383-399.

[133] Jordan R, Jones G, Murray D. *Educational interventions for children with autism: A literature review of recent and current research* [M].

1998.

[134] Wasko M M L, Faraj S. "It is what one does" : why people participate and help others in electronic communities of practice [J]. *The Journal of Strategic Information Systems*, 2000, 9(2): 155-173.

[135] Hinds P J, Pfeffer J. Why organizations don't "know what they know" : Cognitive and motivational factors affecting the transfer of expertise [J]. *Sharing expertise: Beyond knowledge management*, 2003: 3-26.

[136] Homans G C. Social behavior: Its elementary forms [J]. *Contemporary sociology*, 1961,78-98

[137] Blau P M. *Exchange and power in social life* [M]. Transaction Publishers, 1964.

[138] Porter L W, Lawler E E. Managerial attitudes and performance [J]. *Contemporary sociology,* 1968,10-43

[139] Deci E L. Notes on the theory and met theory of intrinsic motivation [J]. *Organizational behavior and human performance*, 1976, 15(1): 130-145.

[140] Locke E A, Latham G P. *A theory of goal setting & task performance* [M]. Prentice-Hall, Inc, 1990.

[141] Eison J A. *The development and validation of a scale to assess differing student orientations towards grades and learning* [M]. 1979.

[142] Eison J, Pollio H, Milton O. LOGO II: A user's manual [J]. *Knoxville: Learning Research Center, University of Tennessee*, 1982.

[143] Mischel W, Shoda Y. A cognitive-affective system theory of personality: reconceptualizing situations, dispositions, dynamics, and invariance in personality structure [J]. *Psychological review*, 1995, 102(2): 246.

[144] Payne S C, Youngcourt S S, Beaubien J M. A meta-analytic examination of the goal orientation homological net [J]. *Journal of Applied Psychology*, 2007, 92(1): 128.

[145] Hirst G, Van Knippenberg D, Zhou J. A cross-level perspective on employee creativity: Goal orientation, team learning behavior, and individual creativity [J]. *Academy of Management Journal*, 2009, 52(2): 280-293.

[146] Nicholls D G. The regulation of extra mitochondrial free calcium ion concentration by rat liver mitochondria [J]. *Biochem. J*, 1978, 176: 463-474.

[147] Dweck C S, Elliott E S. Achievement motivation [J]. *Handbook of child psychology*, 1983, 4: 643-691.

[148] Steven C K, Gist M E. Effects of Self-Efficacy and Goal-Orientation Training on Interpersonal Skill Maintenance: What are the Mechanics [J]. *Personnel Psychology*, 1997, 50(4): 955-978.

[149] Colquitt J A, Simmering M J. Conscientiousness, goal orientation, and motivation to learn during the learning process: A longitudinal study [J]. *Journal of applied psychology*, 1998, 83(4): 654.

[150] Steele-Johnson D, Beauregard R S, Hoover P B, et al. Goal

orientation and task demand effects on motivation, affect, and performance [J]. *Journal of Applied psychology*, 2000, 85(5): 724.

[151] Spinath B, Stiensmeier-Pelster J. Goal orientation and achievement: The role of ability self-concept and failure perception [J]. *Learning and Instruction*, 2003, 13(4): 403-422.

[152] Button S B, Mathieu J E, Zajac D M. Goal orientation in organizational research: A conceptual and empirical foundation [J]. *Organizational behavior and human decision processes*, 1996, 67(1): 26-48.

[153] VandeWalle D. Development and validation of a work domain goal orientation instrument [J]. *Educational and Psychological Measurement*, 1997, 57(6): 995-1015.

[154] Elliot A J, Harackiewicz J M. Goal setting, achievement orientation, and intrinsic motivation: A mediational analysis [J]. *Journal of personality and social psychology*, 1994, 66(5): 968.

[155] McGregor H A, Elliot A J. Achievement goals as predictors of achievement-relevant processes prior to task engagement [J]. *Journal of Educational Psychology*, 2002, 94(2): 381.

[156] Conroy D E, Elliot A J, Hofer S M. A 2 x 2 Achievement Goals Questionnaire for Sport: Evidence for Factorial Invariance, Temporal Stability, and External Validity [J]. *Journal of Sport & Exercise Psychology,* 2003.

[157] Van Yperen N W. A novel approach to assessing achievement goals in the context of the 2 × 2 framework: Identifying distinct profiles of

individuals with different dominant achievement goals [J]. *Personality and Social Psychology Bulletin*, 2006, 32(11): 1432-1445.

[158] Butler R. Task-involving and ego-involving properties of evaluation: Effects of different feedback conditions on motivational perceptions, interest, and performance [J]. *Journal of educational psychology*, 1987, 79(4): 474.

[159] Ames C. Classrooms: Goals, structures, and student motivation [J]. *Journal of educational psychology*, 1992, 84(3): 261.

[160] 彭芹芳, 李晓文. Dweck 成就目标取向理论的发展及其展望 [J]. 心理科学进展, 2004, 12(3): 409-415.

[161] 李晓东, 林崇德, 聂尤彦, 等. 课堂目标结构, 个人目标取向, 自我效能及价值与学业自我妨碍 [J]. 心理科学, 2003, 26(4): 590-594.

[162] Kozlowski S W J, Bell B S. Disentangling achievement orientation and goal setting: effects on self-regulatory processes [J]. *Journal of Applied Psychology*, 2006, 91(4): 900.

[163] Davis W D, Mero N, Goodman J M. The interactive effects of goal orientation and accountability on task performance [J]. *Human Performance*, 2007, 20(1): 1-21.

[164] Dweck C S. The role of expectations and attributions in the alleviation of learned helplessness [J]. *Journal of personality and social psychology*, 1975, 31(4): 674.

[165] Lee F K, Sheldon K M, Turban D B. Personality and the goal-striving process: The influence of achievement goal patterns, goal level,

and mental focus on performance and enjoyment [J]. *Journal of Applied Psychology*, 2003, 88(2): 256.

[166] Payne S C, Youngcourt S S, Beaubien J M. A meta-analytic examination of the goal orientation homological net[J]. *Journal of Applied Psychology*, 2007, 92(1): 128.

[167] Roeser R J, Downs M P. *Auditory disorders in school children: The law, identification, remediation* [M]. Thieme, 2004.

[168] Midgley C, Kaplan A, Middleton M. Performance-approach goals: Good for what, for whom, under what circumstances, and at what cost? [J]. *Journal of Educational Psychology*, 2001, 93(1): 77.

[169] Lau S, Nie Y. Interplay between personal goals and classroom goal structures in predicting student outcomes: A multilevel analysis of person-context interactions [J]. *Journal of educational Psychology*, 2008, 100(1): 15.

[170] Bunderson J S, Sutcliffe K M. Management team learning orientation and business unit performance [J]. *Journal of Applied Psychology*, 2003, 88(3): 552.

[171] DeShon R P. Measures are not invariant across groups without error variance homogeneity [J]. *Psychology Science*, 2004, 46: 137-149.

[172] Elliott D, Chua R. Manual asymmetries in goal-directed movement [J]. *Manual asymmetries in motor performance*, 1996: 143-158.

[173] Hough L M. The'Big Five'personality variables--construct confusion: Description versus prediction [J]. *Human performance*, 1992,

5(1-2): 139-155.

[174] Kanfer R. Motivation theory and industrial and organizational psychology [J]. *Handbook of industrial and organizational psychology*, 1990, 1(2): 75-130.

[175] Spinath F M, Ronald A, Harlaar N, et al. Phenotypic g early in life: On the etiology of general cognitive ability in a large population sample of twin children aged 2–4 years [J]. *Intelligence*, 2003, 31(2): 195-210.

[176] Yeo G, Loft S, Xiao T, et al. Goal orientations and performance: differential relationships across levels of analysis and as a function of task demands [J]. *Journal of Applied Psychology*, 2009, 94(3): 710.

[177] Dragoni L. Understanding the emergence of state goal orientation in organizational work groups: the role of leadership and multilevel climate perceptions [J]. *Journal of Applied Psychology*, 2005, 90(6): 1084.

[178] Schneider B. The climate for service: An application of the climate constructs [J]. *Organizational climate and culture*, 1990, 1: 383-412.

[179] Payne S C, Youngcourt S S, Beaubien J M. A meta-analytic examination of the goal orientation homological net[J]. *Journal of Applied Psychology*, 2007, 92(1): 128.

[180] Cron W, Slocum J W, Vandewalle D. Negative Performance Feedback and Self-Set Goal Level: The Role of Goal Orientation and Emotional Reactions [J]. *Academy of Management Proceedings &*

Membership Directory, 2002.

[181] Elliot A J, Church M A. A hierarchical model of approach and avoidance achievement motivation [J]. *Journal of personality and social psychology*, 1997, 72(1): 218.

[182] Chen G, Gully S M, Whiteman J A, et al. Examination of relationships among trait-like individual differences, state-like individual differences, and learning performance[J]. *Journal of Applied Psychology*, 2000, 85(6): 835.

[183] Butler R. Effects of task-and ego-achievement goals on information seeking during task engagement [J]. *Journal of personality and social psychology*, 1993, 65(1): 18.

[184] VandeWalle D, Cummings L L. A test of the influence of goal orientation on the feedback-seeking process [J]. *Journal of applied psychology*, 1997, 82(3): 390.

[185] Farrell E, Dweck C. The role of motivational processes in transforming learning [D]. Doctoral dissertation, Harvard University, 1985.

[186] Sujan H, Weitz B A, Kumar N. Learning orientation, working smart, and effective selling [J]. *The Journal of Marketing*, 1994: 39-52.

[187] Kanfer R, Ackerman P L, Heggestad E D. Motivational skills & self-regulation for learning: A trait perspective [J]. *Learning and individual differences*, 1996, 8(3): 185-209.

[188] Hirst G, Van Knippenberg D, Zhou J. A cross-level perspective on employee creativity: Goal orientation, team learning behavior, and

individual creativity [J]. *Academy of Management Journal*, 2009, 52(2): 280-293.

[189] Porath C L, Bateman T S. Self-regulation: from goal orientation to job performance [J]. *Journal of Applied Psychology*, 2006, 91(1): 185.

[190] 卫旭华, 刘咏梅. 团队过往绩效, 效能感与冲突关系研究 [J]. 科学学与科学技术管理, 2014, 35(09): 152.

[191] Klein K J, Dansereau F, Hall R J. Levels issues in theory development, data collection, and analysis [J]. *Academy of Management Review*, 1994, 19(2): 195-229.

[192] Gagné M, Deci E L. Self-determination theory and work motivation [J]. *Journal of Organizational behavior*, 2005, 26(4): 331-362.

[193] Klein K J, Dansereau F, Hall R J. Levels issues in theory development, data collection, and analysis [J]. *Academy of Management Review*, 1994, 19(2): 195-229.

[194] Edmondson A. Psychological safety and learning behavior in work teams [J]. *Administrative science quarterly*, 1999, 44(2): 350-383.

[195] Button S B, Mathieu J E, Zajac D M. Goal orientation in organizational research: A conceptual and empirical foundation [J]. *Organizational behavior and human decision processes*, 1996, 67(1): 26-48.

[196] VandeWalle D, Cron W L, Slocum Jr J W. The role of goal orientation following performance feedback [J]. *Journal of Applied Psychology*, 2001, 86(4): 629.

[197] Tett R P, Burnett D D. A personality trait-based interactionist

model of job performance [J]. *Journal of Applied Psychology*, 2003, 88(3): 500.

[198] Beatty R C, Shim J P, Jones M C. Factors influencing corporate web site adoption: a time-based assessment [J]. *Information & management*, 2001, 38(6): 337-354.

[199] Cooper W H, Withey M J. The strong situation hypothesis [J]. *Personality and Social Psychology Review*, 2009, 13(1): 62-72.

[200] Kozlowski S W J, Klein K J. *A multilevel approach to theory and research in organizations: Contextual, temporal, and emergent processes* [M]. San Franci sco, CA,US:Jossej-Boss, 2000.

[201] Schneider B. The people make the place [J]. *Personnel psychology*, 1987, 40(3): 437-453.

[202] Woodman R W, Sawyer J E, Griffin R W. Toward a theory of organizational creativity [J]. *Academy of management review*, 1993, 18(2): 293-321.

[203] Edwards S. Exchange rates and the political economy of macroeconomic discipline [J]. *The American Economic Review*, 1996: 159-163.

[204] Livingstone D M. Break-up dates of Alpine lakes as proxy data for local and regional mean surface air temperatures [J]. *Climatic Change*, 1997, 37(2): 407-439.

[205] Wang Z M. Managerial competency modelling and the development of organizational psychology: A Chinese approach [J].

International Journal of Psychology, 2003, 38(5): 323-334.

[206] Wang Z, Zang Z. Strategic human resources, innovation and entrepreneurship fit: A cross-regional comparative model [J]. *International journal of Manpower*, 2005, 26(6): 544-559.

[207] van den Hooff B, De Ridder J A. Knowledge sharing in context: the influence of organizational commitment, communication climate and CMC use on knowledge sharing[J]. *Journal of knowledge management*, 2004, 8(6): 117-130.

[208] Moorman C, Deshpande R, Zaltman G. Factors affecting trust in market research relationships[J]. *The Journal of Marketing*, 1993: 81-101.

[209] Kim K A, Lee Y K. The effect of nutrition education using animations on the nutrition knowledge, eating habits and food preferences of elementary school students [J]. *Korean Journal of Community Nutrition*, 2010, 15(1): 50-60.

[210] Kankanhalli A, Lee O K D, Lim K H. Knowledge reuse through electronic repositories: A study in the context of customer service support [J]. *Information & Management*, 2011, 48(2): 106-113.

[211] Gagné M. A model of knowledge‐ sharing motivation[J]. *Human Resource Management*, 2009, 48(4): 571-589.

[212] Alavi M, Kayworth T R, Leidner D E. An empirical examination of the influence of organizational culture on knowledge management practices [J]. *Journal of management information systems*, 2005, 22(3): 191-224.

[213] Gully S M, Phillips J M. A multilevel application of learning and performance orientations to individual, group, and organizational outcomes [J]. *Research in personnel and human resources management*, 2005, 24: 1-51.

[214] DeShon R P, Gillespie J Z. A motivated action theory account of goal orientation [J]. *Journal of Applied Psychology*, 2005, 90(6): 1096.

[215] Kankanhalli A, Tan B C Y, Wei K K. Contributing knowledge to electronic knowledge repositories: an empirical investigation [J]. *MIS quarterly*, 2005: 113-143.

[216] Argote L, Ingram P. Knowledge transfer: A basis for competitive advantage in firms [J]. *Organizational behavior and human decision processes*, 2000, 82(1): 150-169.

[217] Cabrera E F, Cabrera A. Fostering knowledge sharing through people management practices [J]. *The International Journal of Human Resource Management*, 2005, 16(5): 720-735.

[218] Tsoukas H, Vladimirou E. 'What is organizational knowledge? [J]. *Managing Knowledge: An Essential Reader*, 2005: 85.

[219] Porter C O L H. Goal orientation: effects on backing up behavior, performance, efficacy, and commitment in teams [J]. *Journal of Applied Psychology*, 2005, 90(4): 811.

[220] Bunderson J S, Sutcliffe K M. Management team learning orientation and business unit performance [J]. *Journal of Applied Psychology*, 2003, 88(3): 552.

[221] Chiu C M, Hsu M H, Wang E T G. Understanding knowledge sharing in virtual communities: An integration of social capital and social cognitive theories[J]. *Decision support systems*, 2006, 42(3): 1872-1888.

[222] Collins C J, Smith K G. Knowledge exchange and combination: The role of human resource practices in the performance of high-technology firms [J]. *Academy of management journal*, 2006, 49(3): 544-560.

[223] Cabrera A, Collins W C, Salgado J F. Determinants of individual engagement in knowledge sharing [J]. *The International Journal of Human Resource Management*, 2006, 17(2): 245-264.

[224] Wu C A, Lin S Y, So S K, et al. Hepatitis B and liver cancer knowledge and preventive practices among Asian Americans in the San Francisco Bay Area, California[J]. *Asian Pacific Journal of Cancer Prevention*, 2007, 8(1): 127.

[225] Sawng Y W, Kim S H, Han H S. R&D group characteristics and knowledge management activities: A comparison between ventures and large firms [J]. *International Journal of Technology Management*, 2006, 35(1-4): 241-261.

[226] De Vries R E, Van den Hooff B, de Ridder J A. Explaining knowledge sharing the role of team communication styles, job satisfaction, and performance beliefs [J]. *Communication Research*, 2006, 33(2): 115-135.

[227] Cross R, Cummings J N. Tie and network correlates of individual performance in knowledge-intensive work [J]. *Academy of management*

journal, 2004, 47(6): 928-937.

[228] Borgatti S P. NetDraw: Graph visualization software [J]. *Harvard: Analytic Technologies*, 2002.

[229] Senge P M. *The fifth discipline: The art and practice of the learning organization* [M]. *Broadway Business*, 2006.

[230] Bell B S, Kozlowski S W J. A typology of virtual teams implications for effective leadership [J]. *Group & Organization Management*, 2002, 27(1): 14-49.

[231] Hsu M H, Ju T L, Yen C H, et al. Knowledge sharing behavior in virtual communities: The relationship between trust, self-efficacy, and outcome expectations[J]. *International journal of human-computer studies*, 2007, 65(2): 153-169.

[232] Argote L, Ingram P. Knowledge transfer: A basis for competitive advantage in firms [J]. *Organizational behavior and human decision processes*, 2000, 82(1): 150-169.

[233] Mooradian T, Renzl B, Matzler K. Who trusts? Personality, trust and knowledge sharing [J]. *Management learning*, 2006, 37(4): 523-540.

[234] Weingart L R. Impact of group goals, task component complexity, effort, and planning on group performance [J]. *Journal of applied psychology*, 1992, 77(5): 682.

[235] 张可军. 基于知识离散性的团队知识整合阶段及其影响因素分析 [J]. 图书情报工作, 2011, 55(6): 124-128.

[236] Hirst G, Van Knippenberg D, Zhou J. A cross-level perspective

on employee creativity: Goal orientation, team learning behavior, and individual creativity [J]. *Academy of Management Journal*, 2009, 52(2): 280-293.

[237] 陈国权, 赵慧群, 蒋璐. 团队心理安全, 团队学习能力与团队绩效关系的实证研究 [J]. 科学学研究, 2008, 26(6): 1283-1292.

[238] Edmondson A C, Bohmer R M, Pisano G P. Disrupted routines: Team learning and new technology implementation in hospitals [J]. *Administrative Science Quarterly*, 2001, 46(4): 685-716.

[239] May D R, Gilson R L, Harter L M. The psychological conditions of meaningfulness, safety and availability and the engagement of the human spirit at work [J]. *Journal of occupational and organizational psychology*, 2004, 77(1): 11-37.

[240] Nemanich L A, Vera D. Transformational leadership and ambidexterity in the context of an acquisition [J]. *The Leadership Quarterly,* 2009, 20(1): 19-33.

[241] Mu S, Gnyawali D R. Synergistic Knowledge Development in Cross-Major Student Groups: An Empirical Examination [J]. *Academy of Management Proceedings & Membership Directory*, 2000.

[242] Jehn K A, Northcraft G B, Neale M A. Why differences make a difference: A field study of diversity, conflict and performance in workgroups [J]. *Administrative science quarterly*, 1999, 44(4): 741-763.

[243] Morgeson F P, Hofmann D A. The structure and function of collective constructs: Implications for multilevel research and theory

development [J]. *Academy of Management Review*, 1999, 24(2): 249-265

[244] Schneider B. The climate for service: An application of the climate constructs [J]. *Organizational climate and culture*, 1990, 1.

[245] Katz-Navon T A L, Naveh E, Stern Z. Safety climate in health care organizations: a multidimensional approach [J]. *Academy of Management Journal*, 2005, 48(6): 1075-1089.

[246] McAllister D J. Affect-and cognition-based trust as foundations for interpersonal cooperation in organizations [J]. *Academy of management journal*, 1995, 38(1): 24-59.

[247] Nelson K M, Cooprider J G. The contribution of shared knowledge to IS group performance [J]. *MIS quarterly*, 1996: 409-432.

[248] Nahapiet J, Ghoshal S. Social capital, intellectual capital, and the organizational advantage [J]. *Academy of management review*, 1998, 23(2): 242-266.

[249] Mayer R C, Gavin M B. Trust in management and performance: who minds the shop while the employees watch the boss?[J]. *Academy of Management Journal*, 2005, 48(5): 874-888.

[250] Podsakoff P M, MacKenzie S B, Lee J Y, et al. Common method biases in behavioral research: a critical review of the literature and recommended remedies [J]. *Journal of applied psychology*, 2003, 88(5): 879.

[251] Podsakoff P M, Organ D W. Self-reports in organizational research: Problems and prospects [J]. *Journal of management*, 1986, 12(4):

531-544.

[252] Zarraga C, Bonache J. Assessing the team environment for knowledge sharing: an empirical analysis [J]. *International Journal of Human Resource Management*, 2003, 14(7): 1227-1245.

[253] Cabrera A, Collins W C, Salgado J F. Determinants of individual engagement in knowledge sharing [J]. *The International Journal of Human Resource Management*, 2006, 17(2): 245-264.

[254] van den Hooff B, De Ridder J A. Knowledge sharing in context: the influence of organizational commitment, communication climate and CMC use on knowledge sharing[J]. *Journal of knowledge management*, 2004, 8(6): 117-130.

[255] 李涛 , 王兵 . 我国知识工作者组织内知识共享问题的研究 [J]. 南开管理评论 , 2003, 6(5): 16-19.

[256] De Jong B A, Elfring T. How does trust affect the performance of ongoing teams? The mediating role of reflexivity, monitoring, and effort [J]. *Academy of Management Journal*, 2010, 53(3): 535-549.

[257] 陈永霞 , 贾良定 , 李超平 , 等 . 变革型领导 , 心理授权与员工的组织承诺 : 中国情境下的实证研究 [J]. 管理世界 , 2006 (1): 96-105.

[258] 黄芳铭 . 结构方程模式 : 理论与应用 [M]. 中国税务出版社 , 2005.

[259] 侯杰泰 , 温忠麟 , 成子娟 . 结构方程模型及其应用 [M]. 教育科学出版社 , 2004.

[260] 周浩 , 龙立荣 . 共同方法偏差的统计检验与控制方法 [J]. 心理科

学进展 , 2004, 12(6): 942-950.

[261] Barrick M R, Stewart G L, Neubert M J, et al. Relating member ability and personality to work-team processes and team effectiveness[J]. *Journal of applied psychology*, 1998, 83(3): 377.

[262] SPSS for Windows 在心理学与教育学中的应用 [M]. 北京大学出版社 , 2009.

[263] James L R, Demaree R G, Wolf G. Rwg (j): An assessment of within group interpreter Agreement [J].*Journal of Applied Psychology*, 1993, 78(2):306-309.

[264] Bartko J J. On various intraclass correlation reliability coefficients [J]. *Psychological bulletin*, 1976, 83(5): 762.

[265] Kozlowski S W, Hattrup K. A disagreement about within-group agreement: Disentangling issues of consistency versus consensus [J]. *Journal of Applied Psychology*, 1992, 77(2): 161.

[266] Bliese P D, Halverson R R. Group size and measures of group-level properties: An examination of eta-squared and ICC values [J]. *Journal of Management*, 1998, 24(2): 157-172

[267] 吴明隆 . 结构方程模式 SIMPLIS 的应用 [M]. 重庆大学出版社 , 2012.

[268] Bock G W, Zmud R W, Kim Y G, et al. Behavioral intention formation in knowledge sharing: Examining the roles of extrinsic motivators, social-psychological forces, and organizational climate [J]. *MIS quarterly,* 2005: 87-111.

[269] Browne M W, Cudeck R. Alternative ways of assessing model fit [J]. *Sage Focus Editions*, 1993, 154: 136-136.

[270] Hu L, Bentler P M. Cutoff criteria for fit indexes in covariance structure analysis: Conventional criteria versus new alternatives [J]. *Structural equation modeling: a multidisciplinary journal*, 1999, 6(1): 1-55.

[271] 马国庆. 管理统计、数据获取、经济原理、spss 工具与应用研究, [M]. 科学出版社, 2002.

[272] Mathieu J E, Taylor S R. A framework for testing meso-mediational relationships in Organizational Behavior[J]. *Journal of Organizational Behavior*, 2007, 28(2): 141-172.

[273] West M. *Bayesian Forecasting* [M]. John Wiley & Sons, Ltd, 1996.

[274] Mehta S R, Granger C B, Boden W E, et al. Early versus delayed invasive intervention in acute coronary syndromes [J]. *New England Journal of Medicine*, 2009, 360(21): 2165-2175.

[275] McCall L. *The undeserving rich: American beliefs about inequality, opportunity, and redistribution* [M]. Cambridge University Press, 2013.

[276] Marks M A, Mathieu J E, Zaccaro S J. A temporally based framework and taxonomy of team processes [J]. *Academy of management review*, 2001, 26(3): 356-376.

[277] Ilgen D R, Hollenbeck J R, Johnson M, et al. Teams in organizations: From input-process-output models to IMOI models [J]. *Annu. Rev. Psychol.*, 2005, 56: 517-543.

[278] Douma S W. Positief of normative? [J]. *Maandblad voor Accountancy en Bedrijfseconomie*, 2000, 12: 534-535.

[279] Yin R. *Case study research: Design and methods.* [M].*Beverly Hills.* 2009.

[280] Eisenhardt K M. Building theories from case study research [J]. *Academy of management review*, 1989, 14(4): 532-550.

[281] Eisenhardt K M, Graebner M E. Theory building from cases: opportunities and challenges [J]. *Academy of management journal*, 2007, 50(1): 25-32.

[282] Eisenhardt K M. Better stories and better constructs: The case for rigor and comparative logic [J]. *Academy of Management review*, 1991, 16(3): 620-627.

[283] Yin R K. *Applications of Case Study Research Second Edition (Applied Social Research Methods Series Volume 34)* [M].SAGE Publication, 2002.

[284] Patton M Q. *How to use qualitative methods in evaluation* [M]. Sage, 1987.

[285] Jick T D. Mixing qualitative and quantitative methods: Triangulation in action [J]. *Administrative science quarterly*, 1979: 602-611.

[286] Patton M Q. *Qualitative research* [M]. John Wiley & Sons, Ltd, 2005.

[287] Gilbert M, Cordey-Hayes M. Understanding the process of

knowledge transfer to achieve successful technological innovation [J]. *Technovation*, 1996, 16(6): 301-312.

[288] Mooradian T, Renzl B, Matzler K. Who trusts? Personality, trust and knowledge sharing [J]. *Management learning*, 2006, 37(4): 523-540.

[289] Hwang Y, Kim D J. Understanding affective commitment, collectivist culture, and social influence in relation to knowledge sharing in technology mediated learning [J]. *Professional Communication, IEEE Transactions on*, 2007, 50(3): 232-248.

附　录

员工问卷调查表

尊敬的女士／先生：

您好！我们来自临沂大学沂水校区知识共享研究团队，为了研究目标取向知识共享的关系，特来贵司进行问卷调查。本问卷不记名，每个人答案都会不一样，您的资料答完即封存，仅限科研用途，请根据您所在团队的事实及本人真实感觉回答，答案并不会交给贵司任何部门与个人。您的举手之劳，将是我们课题成功的关键。若您需要研究成果摘要，请留下通讯方式，我们待研究完成之后会及时发送。感谢您对中国科研的支持！

第一部分：背景资料

一、基本资料（请在符合您情况的描述旁打"√"或在横线处填写相关信息）

1. 您的性别：男（　　）　　　女（　　）

2. 您的年龄：25 岁以下（　　）　25—35 岁（　　）　36—45 岁（　　）

　　　　　　　45 岁以上（　　）

3. 您的工龄：2 年以下（　　）　　　　　　3—10 年（　　）

　　　　　　　11—20 年（　　）　　　　　20 年以上（　　）

4. 您的学历：专科以下（　　）　　　　　专科（　　）

　　　　　　　本科（　　）　　硕士（　　）　　博士（　　）

5. 您的职称：初级（　　）　　中级（　　）　　高级（　　）

6. 您的职位：基层（　　）　　中层（　　）　　高层（　　）

7. 您所在团队主管：　　　　　　　　　　　　（请直接写出主管姓名）

　　（提示：如果您是团队主管，请直接写出您的名字；如果您是成员，请您直接写出主管的名字；为了区分不同工种，所有成员都会填写，不会给您带来任何影响，他人也不会知情，谢谢！）

第二部分：目标取向与知识共享的多层次影响

请在符合您情况的数字处打"√"（注：1= 完全不符合；2= 不太符合；3= 说不清楚；4= 基本符合；5= 完全符合）

希望选择有更多学习机会的挑战性任务	1	2	3	4	5
常寻求发展新技能与新知识的机会	1	2	3	4	5
喜欢从事对能力有较高要求的工作	1	2	3	4	5
发展工作能力是重要的，愿为此承担风险	1	2	3	4	5
我喜欢挑战性且困难的任务安排	1	2	3	4	5
我很在意能否表现得比我的同事好	1	2	3	4	5
努力弄清楚需要做什么，从而证明我的能力	1	2	3	4	5

续表

同事知道我做得有多好，我会觉得非常开心	1	2	3	4	5
我喜欢从事可以向其他人证明能力的工作	1	2	3	4	5
尽量回避可能使我显得能力不足的新任务	1	2	3	4	5
害怕从事可能会暴露本人不足的任务	1	2	3	4	5
避免显得能力不足比学习新技能更加重要	1	2	3	4	5
在工作中我尽量回避可能使我表现不好的情况	1	2	3	4	5
如果你在团队中犯错误，经常会受到他人反对	1	2	3	4	5
团队成员能够提出问题和强硬的观点	1	2	3	4	5
团队成员有时因为他人的与众不同而拒绝他们	1	2	3	4	5
在团队内承担风险是安全的	1	2	3	4	5
向团队内其他成员请求帮助时困难的	1	2	3	4	5
团队内没有人会故意破坏我的努力成果	1	2	3	4	5
与团队成员的合作过程中，我独有的技能和才干被认为是有价值的并被利用	1	2	3	4	5
在工作中我尽量回避可能使我表现不好的情况	1	2	3	4	5
在工作中遇到困难时，我相信我都能得到同事的协助	1	2	3	4	5
我相信大部分的团队成员在工作上能言行一致	1	2	3	4	5
我相信同事的工作胜任力	1	2	3	4	5
在我们团队里成员之间有情感投入	1	2	3	4	5
大多数成员都觉得团队值得依靠	1	2	3	4	5

在团队中，我们总能获得有助于工作的知识	1	2	3	4	5
团队的知识交流有助于我们更好地解决工作的失误	1	2	3	4	5
在团队中，我们的问题总能得到可靠的回答	1	2	3	4	5
团队的知识交流有助于我们更好地理解和掌握新知识	1	2	3	4	5
我们对团队知识的交流过程和频率感到满意	1	2	3	4	5

再次感谢您的协助！祝您事事顺心！

主管问卷调查表

尊敬的女士／先生：

您好！我们来自临沂大学沂水校区知识共享研究团队，为了研究目标取向知识共享的关系，特来贵司进行问卷调查。本问卷不记名，每个人答案都会不一样，您的资料答完即封存，仅限科研用途，请根据您所在团队的事实及本人真实感觉回答，答案并不会交给贵司任何部门与个人。您的举手之劳，将是我们课题成功的关键。若您需要研究成果摘要，请留下通讯方式，我们待研究完成之后会及时发送。感谢您对中国科研的支持！

第一部分：背景资料

一、基本资料（请在符合您情况的描述旁打"√"或在横线处填写相关信息）

1. 您的性别：男（ ）   女（ ）

2. 您的年龄：25 岁以下（ ）25—35 岁（ ）36—45 岁（ ）
   45 岁以上（ ）

3. 您的学历：大专以下（ ）大专（ ）本科（ ）硕士（ ）
   博士（ ）

4. 您团队成立时间：6 个月以下（ ）6—12 个月（)1—2 年（ ）
   2 年以上（ ）

5. 您在团队的工作时间：6 个月以下（ ）6—12 个月（ ）
   1—2 年（ ）2 年以上（ ）

第二部分：目标取向与知识共享的多层次影响

请在符合您情况的数字处打"√"（注：1= 完全不符合；2= 不太符合；3= 说不清楚；4= 基本符合；5= 完全符合）

在团队中，我总能获得有助于工作的知识	1	2	3	4	5
团队的知识交流有助于我更好地解决工作的失误	1	2	3	4	5
在团队中，我的问题总能得到可靠的回答	1	2	3	4	5
团队的知识交流有助于我更好地理解和掌握新知识	1	2	3	4	5
我对团队知识的交流过程和频率感到满意	1	2	3	4	5

再次感谢您的协助！祝您事事顺心！